目的の成分を効率よく抽出するための

ビジュアルガイド
植物成分と抽出法の化学

長島 司 著

ユイビ書房

ポリフェノールの宝庫リンゴ

アピゲニン分子模型

アスコルビン酸を多く含む
ハマナス（ローズヒップ）

アスコルビン酸分子模型

ジテルペン・トリテルペン成分を多く含むローズマリー

カルノソールの分子模型

ポリフェノール類も豊富に含む優しい香りのクロモジ

食害を避けるため、有毒成分リコリン（アルカロイド）を含む水仙

リコリン分子模型

はじめに

　地球上には数えきれないほどの多彩な植物種があり、私たちの生命活動の源になる食の素材として、身にまとう衣服の原料や染色素材として、住居の建築素材として、豊かな香りを作る香料素材として、工業製品の原料としてなどなど、人類の長い歴史の中でいつも身近にあり、私たちにたくさんの恩恵をもたらしてきました。そして植物が果たしている役割は、十九世紀以降に発見されて以来、近代文明の発展に大きく貢献した石油及び石油化学製品以上のものであることは明白です。

　健康や医療系においても、中国四千年の歴史の中で体系化された漢方療法、インド発祥のアーユルヴェーダ、インドネシアの伝承療法ジャムゥ、ヨーロッパのハーブ療法など、人類が植物を利用し、その力を病気治療や健康維持に利用してきた長い歴史があります。

　近代アロマテラピーは、植物から得られる精油を利用して、メンタルや身体面の不調を改善し、恒常性を保ち、高い QOL を目指すことで体系化され、多くの植物から精油を取り出し、それを活用しています。アロマテラピーは植物の精油成分を利用するものですが、他の各種伝承療法では、香りと香り以外の成分を複合的に利用する、つまり植物の有効成分全体を抽出し、病の治癒あるいは恒常性を保つために利用しています。

　健康志向が高まる中で、ハーブやスパイスなどの植物を利用して心身ともに健康な状態を保つことを求める人が多くなり、ハーブや植物関連の協会や団体が数多く設立され、それらに入会し、あるいは独自で学びながらハーブ

の恵みを活用しています。

　天然物化学あるいは生薬学を専門に研究している人たちは、植物中に含まれる有効成分をどのように取り出すかについての技術を学術的及び経験的に理解して、植物の力をうまく引き出すことができるのに対し、ハーブ愛好家の間では、どのような取り出し方をしたら、ハーブを有効活用できるかについて、まだ知識が追いつかず、書物に記載されていることの正確さ不正確さを理解せずそのまま実践している人たちが多いのも実情です。

　本書では、ハーブ愛好家の方々がハーブ成分についての知見をより深め、それらを取り出す（抽出）技術も併せて、研究者レベルではなく、一般の方々ができる方法というコンセプトで、これまで感じていた「なぜ？」がよりよく理解できるように、わかりやすくまとめました。

目次

第1章　植物成分の働き

1　一次代謝成分と二次代謝成分 ・・・・・・・・・・・・・・・・・・・・・・・ 13

2　二次代謝成分とアレロパシー ・・・・・・・・・・・・・・・・・・・・・・・ 14

3　アレロパシー成分の利用 ・・・・・・・・・・・・・・・・・・・・・・・・・ 15

（1）植物から抽出して利用されている代表的なアレロパシー成分 ・・・・・・ 17

　モルヒネ ・・・・・・・・・・・・・・・・・・・・・・・・・・・・・・・・ 17

　パクリタキセル ・・・・・・・・・・・・・・・・・・・・・・・・・・・・・ 18

　グリチルリチン ・・・・・・・・・・・・・・・・・・・・・・・・・・・・・ 18

　l－メントール ・・・・・・・・・・・・・・・・・・・・・・・・・・・・・ 19

（2）身近なアレロパシー ・・・・・・・・・・・・・・・・・・・・・・・・・ 20

　青い梅には毒がある ・・・・・・・・・・・・・・・・・・・・・・・・・・・ 20

　ワサビの刺激 ・・・・・・・・・・・・・・・・・・・・・・・・・・・・・・ 21

　トマトはなぜ同じ場所では年々収穫量が低下するのか ・・・・・・・・・・・ 21

（3）アレロパシー成分の利用 ・・・・・・・・・・・・・・・・・・・・・・・ 22

　抗酸化 ・・・・・・・・・・・・・・・・・・・・・・・・・・・・・・・・・ 22

　抗菌 ・・・・・・・・・・・・・・・・・・・・・・・・・・・・・・・・・・ 26

第2章　植物成分の化学

二酸化炭素から各種植物成分の生合成 ・・・・・・・・・・・・・・・・・・・・ 30

1　糖類 ・・・・・・・・・・・・・・・・・・・・・・・・・・・・・・・・・・ 32

（1）単糖類 ・・・・・・・・・・・・・・・・・・・・・・・・・・・・・・・ 33

　アルドペントース ・・・・・・・・・・・・・・・・・・・・・・・・・・・・ 33

　ケトヘキソース ・・・・・・・・・・・・・・・・・・・・・・・・・・・・・ 34

　デオキシ糖 ・・・・・・・・・・・・・・・・・・・・・・・・・・・・・・・ 34

　酸化糖 ・・・・・・・・・・・・・・・・・・・・・・・・・・・・・・・・・ 34

　糖アルコール ・・・・・・・・・・・・・・・・・・・・・・・・・・・・・・ 35

　シクリトール ・・・・・・・・・・・・・・・・・・・・・・・・・・・・・・ 36

　アミノ糖 ・・・・・・・・・・・・・・・・・・・・・・・・・・・・・・・・ 36

（2）オリゴ糖（小糖類）・・・・・・・・・・・・・・・・・・・・・・・・・・・・・ 37
   還元二糖類・・・・・・・・・・・・・・・・・・・・・・・・・・・・・・・・・・・・ 37
   非還元二糖類・・・・・・・・・・・・・・・・・・・・・・・・・・・・・・・・・ 38
   三糖類・・・・・・・・・・・・・・・・・・・・・・・・・・・・・・・・・・・・・・・ 38
   四糖類・・・・・・・・・・・・・・・・・・・・・・・・・・・・・・・・・・・・・・・ 38
（3）多糖類・・・・・・・・・・・・・・・・・・・・・・・・・・・・・・・・・・・・・ 39
   グルカン・・・・・・・・・・・・・・・・・・・・・・・・・・・・・・・・・・・・・ 39

2 アミノ酸・ペプチド・タンパク質・・・・・・・・・・・・・・ 40

（1）中性アミノ酸・・・・・・・・・・・・・・・・・・・・・・・・・・・・・・・ 41
（2）酸性アミノ酸・・・・・・・・・・・・・・・・・・・・・・・・・・・・・・・ 43
（3）塩基性アミノ酸・・・・・・・・・・・・・・・・・・・・・・・・・・・・・ 44
（4）その他アミノ酸・・・・・・・・・・・・・・・・・・・・・・・・・・・・・ 45
（5）ペプチド・・・・・・・・・・・・・・・・・・・・・・・・・・・・・・・・・・ 46
（6）タンパク質・・・・・・・・・・・・・・・・・・・・・・・・・・・・・・・・ 46

3 脂肪酸・ポリケチド・・・・・・・・・・・・・・・・・・・・・・・・・ 47

（1）脂肪酸・・・・・・・・・・・・・・・・・・・・・・・・・・・・・・・・・・・・ 48
（2）ポリケチド・・・・・・・・・・・・・・・・・・・・・・・・・・・・・・・・ 53

4 テルペノイド・・・・・・・・・・・・・・・・・・・・・・・・・・・・・・・・ 54

（1）ジテルペン類・・・・・・・・・・・・・・・・・・・・・・・・・・・・・・・ 56
   アビエタン型・・・・・・・・・・・・・・・・・・・・・・・・・・・・・・・・・ 57
   カウラン型・・・・・・・・・・・・・・・・・・・・・・・・・・・・・・・・・・ 58
（2）トリテルペン類・ステロイド類・サポニン類・・・・・・・・・ 59
   リモノイド型・・・・・・・・・・・・・・・・・・・・・・・・・・・・・・・・・ 61
   ルパン型・・・・・・・・・・・・・・・・・・・・・・・・・・・・・・・・・・・・ 62
   ウルサン型・・・・・・・・・・・・・・・・・・・・・・・・・・・・・・・・・・ 62
   オレアナン型・・・・・・・・・・・・・・・・・・・・・・・・・・・・・・・・・ 63
   トリテルペンサポニン・・・・・・・・・・・・・・・・・・・・・・・・・ 64
   植物ステロール・・・・・・・・・・・・・・・・・・・・・・・・・・・・・・ 65
（3）カロテノイド・・・・・・・・・・・・・・・・・・・・・・・・・・・・・・ 66

5 フェニルプロパノイド・・・・・・・・・・・・・・・・・・・・・・・ 70

（1）フェニルプロパノイド類・・・・・・・・・・・・・・・・・・・・・・ 71
（2）クマリン類・・・・・・・・・・・・・・・・・・・・・・・・・・・・・・・・ 72

（3）リグナン類・ネオリグナン類 ・・・・・・・・・・・・・・・・・・・・・・・・・・・・・・ 73

（4）セスキリグナン、ジリグナン類 ・・・・・・・・・・・・・・・・・・・・・・・・・ 75

（5）リグニン ・・ 75

6 複合生成経路 ・・ 76

（1）フラボノイド類 ・・・・・・・・・・・・・・・・・・・・・・・・・・・・・・・・・・・・・・・ 76

　　フラボン類・・・ 77

　　フラボノール類 ・・・・・・・・・・・・・・・・・・・・・・・・・・・・・・・・・・・・・・・ 78

　　フラバノン類 ・・・ 79

　　フラバノール（カテキン）類 ・・・・・・・・・・・・・・・・・・・・・・・・ 79

　　イソフラボン類 ・・・・・・・・・・・・・・・・・・・・・・・・・・・・・・・・・・・・・・・ 80

　　アントシアニジン類 ・・・・・・・・・・・・・・・・・・・・・・・・・・・・・・・・・ 81

　　カルコン類・・ 81

（2）タンニン類 ・・・ 82

　　加水分解型タンニン ・・・・・・・・・・・・・・・・・・・・・・・・・・・・・・・・・ 82

　　縮合型タンニン ・・・・・・・・・・・・・・・・・・・・・・・・・・・・・・・・・・・・・・ 83

　　茶タンニン ・・・ 84

7 アルカロイド ・・・ 85

　　フェネチルアミン類 ・・・・・・・・・・・・・・・・・・・・・・・・・・・・・・・・・ 86

　　ベンジルイソキノリン類・・・・・・・・・・・・・・・・・・・・・・・・・・・・ 87

　　インドールアルカロイド・・・・・・・・・・・・・・・・・・・・・・・・・・・ 87

　　キノリンアルカロイド ・・・・・・・・・・・・・・・・・・・・・・・・・・・・・ 88

　　イミダゾール類 ・・・・・・・・・・・・・・・・・・・・・・・・・・・・・・・・・・・・・ 88

　　酸アミド類・・・ 89

　　テルペン系アルカロイド ・・・・・・・・・・・・・・・・・・・・・・・・・・・ 90

8 核酸 ・・ 91

第3章　植物成分の抽出

1 抽出について ・・・ 92

（1）化学的抽出法 ・・・・・・・・・・・・・・・・・・・・・・・・・・・・・・・・・・・・・・・ 93

　　固－液抽出 ・・・ 93

　　液－液抽出 ・・・ 97

（2）物理的抽出法 ・・・・・・・・・・・・・・・・・・・・・・・・・・・・・・・・・・・・・・・ 99

2 溶質と溶媒 ・・・・・・・・・・・・・・・・・・・・・・・・・・・・・・・・・・・・ 100

（1）植物成分と溶剤の適性 ・・・・・・・・・・・・・・・・・・・・・・・・・・・ 100
極性物質・非極性物質 ・・・・・・・・・・・・・・・・・・・・・・・・・・・・・・・ 100

極性溶媒・非極性溶媒 ・・・・・・・・・・・・・・・・・・・・・・・・・・・・・・・ 102

抽出溶媒選択のポイント ・・・・・・・・・・・・・・・・・・・・・・・・・・・・・ 102

植物素材の形態について ・・・・・・・・・・・・・・・・・・・・・・・・・・・・・ 106

抽出のキーワード ・・・・・・・・・・・・・・・・・・・・・・・・・・・・・・・・・ 106

（2）植物成分の溶解性の推測 ・・・・・・・・・・・・・・・・・・・・・・・・・ 107
溶解性推定の具体的手法 ・・・・・・・・・・・・・・・・・・・・・・・・・・・・・ 107

第4章　植物成分の抽出　各論

表と図から適正溶媒を選択する手順 ・・・・・・・・・・・・・・・・・・・・・・・ 112

1 イチョウ ・・・・・・・・・・・・・・ 113		**22** タイム ・・・・・・・・・・・・・・・・・ 134
2 ウコン（ターメリック）・・・・・・ 114		**23** ドクダミ ・・・・・・・・・・・・・・・ 135
3 エキナセア ・・・・・・・・・・・・・ 115		**24** ハイビスカス ・・・・・・・・・・・・ 136
4 エルダーフラワー ・・・・・・・・・ 116		**25** パプリカ ・・・・・・・・・・・・・・・ 137
5 オレンジピール ・・・・・・・・・・ 117		**26** バレリアン ・・・・・・・・・・・・・ 138
6 カモミール・ジャーマン ・・・・・ 118		**27** ヒノキ ・・・・・・・・・・・・・・・・ 139
7 カレンデュラ ・・・・・・・・・・・ 119		**28** フェンネル ・・・・・・・・・・・・・ 140
8 クロモジ・・・・・・・・・・・・・・ 120		**29** ペパーミント ・・・・・・・・・・・ 141
9 ゲットウ（月桃）・・・・・・・・・ 121		**30** ホップ ・・・・・・・・・・・・・・・ 142
10 ゴツコラ（ツボクサ）・・・・・・ 122		**31** マジョラム ・・・・・・・・・・・・ 143
11 ゴボウ ・・・・・・・・・・・・・・・ 123		**32** メリッサ ・・・・・・・・・・・・・・ 144
12 ゴマ ・・・・・・・・・・・・・・・・ 124		**33** モミ（トドマツ）・・・・・・・・・ 145
13 米ヌカ ・・・・・・・・・・・・・・・ 125		**34** ユーカリ ・・・・・・・・・・・・・・ 146
14 山椒 ・・・・・・・・・・・・・・・・ 126		**35** ヨモギ ・・・・・・・・・・・・・・・ 147
15 シナモン ・・・・・・・・・・・・・ 127		**36** ラベンダー ・・・・・・・・・・・・ 148
16 ジュニパー ・・・・・・・・・・・・ 128		**37** 緑茶 ・・・・・・・・・・・・・・・・ 149
17 ジンジャー ・・・・・・・・・・・・ 129		**38** ルイボス ・・・・・・・・・・・・・ 150
18 スギ・・・・・・・・・・・・・・・・ 130		**39** レモングラス ・・・・・・・・・・・ 151
19 スペアミント ・・・・・・・・・・・ 131		**40** ローズ ・・・・・・・・・・・・・・・ 152
20 セージ ・・・・・・・・・・・・・・・ 132		**41** ローズヒップ ・・・・・・・・・・・ 153
21 セントジョーンズワート ・・・・・ 133		**42** ローズマリー ・・・・・・・・・・・ 154

参考図書 ・・・・・・・・・・・・・・・・・・・・・・・・・・・・・・・・・・・・・・ 155

著者あとがき ・・・・・・・・・・・・・・・・・・・・・・・・・・・・・・・・・・・ 156

第1章　植物成分の働き

　すべての生命体は有機化合物で構成されており、それらが有機的に活動しながら生命活動が行われています。植物も同様に、二酸化炭素と太陽光から様々な有機化合物を生産し、それらは発芽、成長、子孫を残すことなどに関わり、やがて活動が停止し、枯れ落ちます。

　私たち人類が植物から受ける最大の恩恵は光合成産物である酸素で、大気中の酸素濃度が下がると人類だけでなく動物や微生物の生命活動に大きな影響が出るほど重要なものであり、また植物が二酸化炭素を吸収してくれることで、温室効果による地球環境の悪化を防ぐという役割もしているなど、マクロの視点からも多くの恩恵がもたらされています。

　また、視点を変えてみると、食品、医薬品、化粧品、衣料品、建材など、植物とかかわりの無いものを見つけるのが困難なほど、私たちの周りは植物素材であふれていて、日々その恩恵を受けながら暮らしを営んでいます。

　本章では、植物を利用するにあたり、「植物成分の理解をより深める」、「どのような成分を使うのかを的確に判断して効率よく利用する」ための基礎情報として、植物の化学成分について解説します。

1 一次代謝成分と二次代謝成分

　植物には、生命を維持するのに必要な成分である「一次代謝物」と、生命活動には関与せず、生存していく上で必要な生体防御機能や植物間コミュニケーションなどの役割をする「二次代謝物」があります。

　一次代謝物は生命活動に関係する成分で、植物体内では生成⇒分解⇒再生成を繰り返して行う「可逆的産物」です。二次代謝物は生成⇒分解（消費）という一方通行の「不可逆的産物」であり、植物が生育していく上においては必ずしも必要とされないものですが、それらは外敵から身を守るなどの生体防御や植物間コミュニケーションツールなどの役割で機能しています。

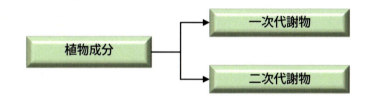

図 1-1　一次代謝成分と二次代謝成分

表 1-1　主な一次代謝成分と二次代謝成分

分類	成分	構成成分と生成経路
一次代謝物	炭水化物	糖類
	タンパク質	アミノ酸類
	脂質	脂肪酸類
	核酸	ヌクレオシド、ヌクレオチド
	その他	ビタミン、ミネラル
二次代謝物	フェニルプロパノイド類	シキミ酸経路
	フラボノイド類	シキミ酸経路＋酢酸-マロン酸経路
	テルペン類	メバロン酸経路、ピルビン酸
	アルカロイド	アミノ酸経路、その他

2 二次代謝成分とアレロパシー

　アレロパシーとは、1937年にオーストラリアの植物生理学者、ハンス・モーリッシュ博士が提唱した「植物が放出する化学物質が、他の生物に阻害的あるいは促進的な、何らかの作用を及ぼす現象」であり、ギリシャ語のAllelo（相互）とPatheia（被害）を組み合わせた造語で、日本語では「他感作用」と訳されています。

　アレロパシーには二次代謝産物が大きく関わっており、様々な外的環境から植物体を守る役割をしています。そして、これらのアレロパシーに関わる化学物質は、動物や他の植物に対しては、それらの生命活動に関わる経路に対して的確に作用して死に至らしめたり、紫外線エネルギーによって発生する活性酸素をピンポイントで消去あるいは中和して無毒化したりするなどの作用をもちます。

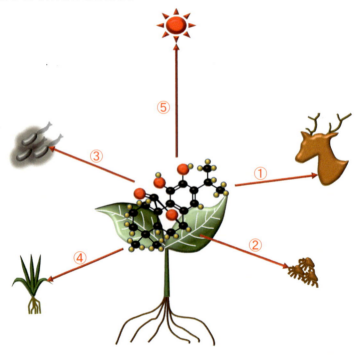

図1-2　アレロパシーのイメージ

以下、植物化学成分の主な役割を示します。

① 動物や鳥類からの食害から身を守るために、毒素、辛味、痺れ、苦味、酸味など、食べたら危険なもの、何らかの悪影響が起こるもの、不快な味や香りなど、食べるのをためらうような化学物質を植物体内で合成し蓄積する。

② 害虫が葉や茎にとりついて組織を傷める、あるいは成長を阻害するような毒物を分泌されないように、害虫に対する殺虫効果あるいは防御効果のある成分を体内に蓄積する。また、害虫が付いた場合には、その害を極力少なくする成分を分泌する。

③ 細菌感染により、植物全体に感染症が発生して広がることを防止する、あるいは受けた際に植物のダメージを極力少なくするために、各種細菌やウイルスに対して抗菌、抗ウイルス作用のある成分を蓄積して生体を防御する。

④ 他の植物が自身のテリトリー周辺に繁殖すると、土壌の栄養分が取られ、生育に大きな影響を与えること、また樹高の高い植物が繁殖することによって日照が悪くなり、これも自身の成長に影響が出ることから、周辺の環境が適正に保たれるように、除草効果のある化合物や他の植物の生育を阻害するなどの化学物質を地中に放出する。

⑤ 日光から照射される紫外線によって植物組織に大きなダメージを与える強力な酸化剤、「活性酸素」が発生します。この活性酸素を無毒化するために、抗酸化効果の高い化学成分を蓄積する、また体内の活性酸素消去システムが円滑に機能するように、それらのシステムを刺激し活性化する化学物質を作用させます。

3 アレロパシー成分の利用

　このように、植物が自身の生命体を健全に維持し生存していくために合成、蓄積、消費をしているアレロパシー成分は、人間や動物の体内では合成できるものが無く（あっても極めて少なく）、私たち人類は意識的・無意識的に植物を食し、栄養素とともにアレロパシー成分を取り入れて、植

物成分そのもの、あるいは体内で必要となる様々な化学成分を合成するための出発原料として利用しています。スキンケア関連では、植物成分を皮膚に塗布し、皮膚上あるいは皮膚内部に浸透させて、その成分が持っている機能そのものを活用する、あるいは他の機能性成分合成の出発原料として利用しています。

　それ以外にも、植物から抽出した成分は医療、医薬品、香料、工業製品、農業製品など広範囲のアプリケーションで機能性素材としての直接的利用、植物資源が乏しい場合などには、それらの化学構造を解析し人工的に合成する、あるいはその分子構造をモデルにして、類似の構造で同じ機能を持った新たな医薬品や工業化学品（香料も含む）などの開発も行われています。

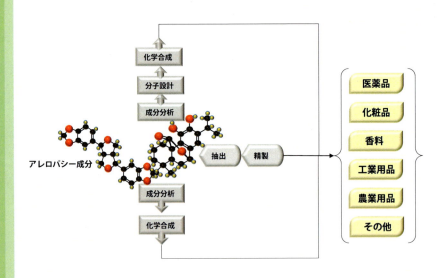

図 1-3　アレロパシー成分の利用

（1）植物から抽出して利用されている代表的なアレロパシー成分

　現代社会では著しい化学合成技術の進歩があり、多くの化学物質が作られ利用されていますが、かつては植物を水で煮出す、あるいはアルコールで抽出するなどして、アレロパシー成分を利用してきました。その後精製技術が進歩するに従って、植物から有効成分のみを取り出し用いることができるようになり、多くの成分が単離・精製されて使われています。以下に代表的な植物成分を紹介します。

＊分子構造の見方

● : 炭素　● : 水素　● : 酸素　● : 窒素　● : 硫黄

モルヒネ

　ケシの未熟果から抽出精製したベンジルイソキノリン系アルカロイドで、強力な鎮痛作用・鎮静作用・陶酔作用があり、習慣性があることから麻薬と指定されています。このようにイメージが悪いモルヒネですが、激痛で苦しむがん患者の痛みを和らげ、終末期を穏やかに迎えるための薬としてなど、医療分野では欠かせない存在となっています。習慣性をどのように軽減するかという点が課題で、この問題に関して様々な研究が行われており、「香り」を使った取り組みも行われています。

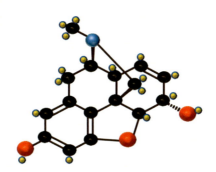

モルヒネの化学構造

パクリタキセル

　タイヘイヨウイチイの木部に存在するパクリタキセルは、がん細胞の増殖を阻止するということで、アメリカの製薬会社が商品化しがん治療に使われています。そのため原料となるタイヘイヨウイチイの資源が減少し、ヨーロッパイチイなど、他の地域のイチイが使われることになりましたが、同じヨーロッパイチイの成分で、簡単な化学反応によってパクリタキセルを合成することができる前駆体の存在が確認され、現在ではこの成分を樹木から抽出し、化学合成によってパクリタキセルを製造しています。

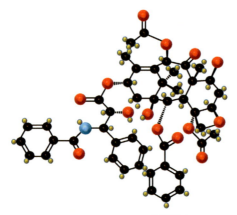

パクリタキセルの化学構造

グリチルリチン

　甘草の薬理効果に関わる主成分で、グリチルレチン酸に糖が結合したトリテルペン配糖体で、砂糖の 50 〜 100 倍の甘さがあります。潰瘍の治療効果や去痰作用があり、漢方薬の原料として最も多くの処方に使われており、カリウムを二分子付けたグリチルリチン酸ジカリウムは歯周病や虫歯を防ぐ効果があることから、オーラルケア製品として、また各種化粧品などにも利用されています。

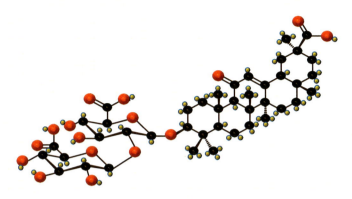

グリチルリチンの化学構造

ℓ-メントール

　コーンミント（*Mentha arvensis*）の香り成分のおよそ80％を占める化合物で、冷却すると*l*-メントールが結晶で析出し、さらに精製工程を経て高純度の天然メントールが作られます。現在では合成メントールも作られていますが、生産比率では天然メントールの割合が多く、かつては中国が主産地でしたが、現在はインドが独占しています。シャープで心地よい清涼感があり、抗炎症、鎮痛、冷感などの様々な生理作用を利用して、パップ剤や胃腸薬などの医薬品、ミント系の食品香料として、清涼感を与えるトニックや入浴剤などの香粧品類、口中清涼効果を与えるオーラルケア製品、メントールタバコなど、広範囲の製品に使われています。

ℓ-メントールの化学構造

（2）身近なアレロパシー

　植物のアレロパシーは身近なところでも起きており、伝え聞いたことや、体験したことなどに基づいて、その植物を食べると危険であることを知る、あるいはアレロパシー物質の一つである香りを利用して、嗜好性の高い食べ物や飲み物を作るなどして生活に取り入れています。

青い梅には毒がある

　青梅は、昆虫や動物からの食害にあわないように、体内にアミグダリンと呼ばれる青酸配糖体を持っています。この成分は、実に傷がつくなどの障害が起きると、酵素が働き、糖を切断して、シアン化水素と梅やアーモンドの香りのするベンズアルデヒドが作られます。シアン化水素は、ごく微量でも人を死に至らしめる猛毒で、そのために青梅を食することは危険な行為ですが、熟するに従ってアミグダリンが減少し、完熟した梅には含まれません。

　この他、バラ科のアンズやカシューナッツなどにもアミグダリンや、アミグダリンの糖が一つとれたプルナシンが含まれていて、これらも完熟するまでは食べられない果実です。

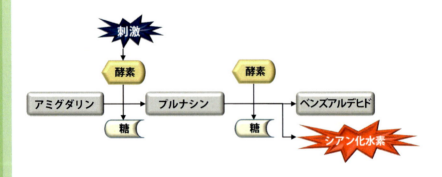

図1-4　青梅からシアン化水素の発生

ワサビの刺激

　鼻にツーンと抜ける鋭い刺激と、フレッシュでスパイシーな香りのあるワサビは、寿司や刺身など和の食材と相性の良いスパイスですが、子供や大人であってもこの刺激に弱い人がいて、「さび抜き」を注文する人も多いと思います。

　この鋭い刺激の成分は、イソチアン酸アリルという化合物で、青梅同様に自身の生命を脅かす刺激があると、細胞内に蓄積しているシニグリンと呼ばれる前駆体にアリナーゼが作用することにより生成します。

　イソチアン酸アリルは強い刺激臭があり、過度に吸入すると呼吸困難などを引き起こすため、取りすぎには注意が必要です。一方でこの化合物は殺菌効果に優れていて、食品汚染の原因となるバクテリアの増殖を防ぐ効果があり、冷蔵庫の無かった時代には、刺身の腐敗防止として使われるなど、食品衛生面で有益な働きをしています。

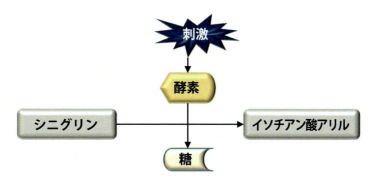

図 1-5　ワサビから辛味成分の生成

トマトはなぜ同じ場所では年々収穫量が低下するのか

　ナス科の植物は、同じ場所で栽培を続けると、年々収穫量が低下します。植物は自身の生活環境を維持していくために、雑草など他の植物の生育を妨げるためにアレロパシー物質を地中に放出します。この成分は生育環境を維持することはプラスに作用して、他の植物が繁殖することを防ぎ、その結果十分な栄養と日照を確保することができます。

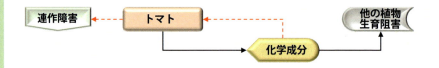

図 1-6　連作障害のイメージ

　一方で、その植物が放出するアレロパシー成分は、植物自身に対しても少なからず影響があり、次第に自身の生命活動に影響を及ぼし、そのため数年後には実を付ける力がなくなるということが起きます。

（3）アレロパシー成分の利用
　植物が自身の生命体を健全に、そして安定的に生育するために作り、蓄えているアレロパシー成分は、私たち人間の体内で合成できないものが多いため、植物から取り入れることによって、体内で利用あるいは機能しています。「植物の恵み」ですね。
　様々なアプリケーションが可能ですが、その中で代表的なものを以下に記載します。

抗酸化

【活性酸素】
　活性酸素の発生要因には、大きく分けて二つあります。一つは紫外線のエネルギーによって水分子が反応して発生する一重項酸素で、こちらは主として皮膚の健全性に悪影響を与えます。もう一つはストレスや様々な外的影響によって発生する過酸化水素やヒドロキシラジカルなどの活性酸素で、こちらは体内の組織や遺伝子などに損傷を与えます。
　両者とも強い酸化力があり、各組織に酸化ダメージを与え、組織破壊が起こることで体内の様々な個所に悪影響が及び、健全性を保つことができなくなる危険な物質ですが、一方で活性酸素は、細菌感染などの外部からの異物に対して攻撃を加えて死滅させるなど、生命活動に必要なものでもあります。活性酸素を過度に発生させないことが大切で、必要以上に紫外線にさらされる、あるいは強いストレスを受けないなどのケアが大切です。

【紫外線の影響】

　植物は紫外線を直接受ける環境にあり、そのエネルギーで体内の水分が一重項酸素（活性酸素）に変わり、これが植物組織を構成する成分それぞれを攻撃して、ダメージを与えます。そのため植物は、紫外線を吸収し、そのエネルギーを低下させる成分、あるいは活性酸素の酸化力を中和する機能を持った成分など、紫外線の影響を軽減する様々なアレロパシー成分を作り、活性酸素の被害に備えています。

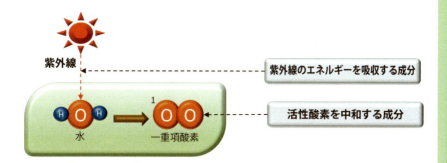

図1-7　紫外線による活性酸素の生成とアレロパシー成分

【紫外線と皮膚トラブル】

　皮膚や髪は、紫外線の影響を直接受ける部分であり、その結果多くの皮膚トラブルが発生します。

　紫外線エネルギーによって発生した一重項酸素は、皮膚の真皮層に存在する「細胞外マトリックス＝ Extra Cellular Matrix=ECM」（肌に張りを持たせるコラーゲン、弾力を持たせるエラスチン、保湿作用のあるヒアルロン酸など）を攻撃して酸化損傷させる作用があり、その結果肌にダメージが起こります。

　また、角質層の細胞間脂質に作用することで、脂質成分が酸化され、規則正しく並んだラメラ構造が破壊され、保湿能力の低下とともに外部からの異物侵入を防ぐバリア機能も低下します。

　活性酸素が発生すると、表皮層にあるメラノサイトが反応し、活性酸素を無毒化する活動を開始し、メラニンが生成します。これはそれぞれの組

織が活性酸素によって攻撃され、ダメージが起こることを防ぐための生体防御反応ですが、その結果、シミや黒変が起こるという代償があります。

　このように、紫外線によって生成する活性酸素は、皮膚トラブルの大きな要因であり、そのため過度に紫外線を浴びないようにすることはもちろんですが、カロテン類やポリフェノール類などの植物成分を取り入れて、皮膚を外側と内側両面でケアすることも有効な方法の一つです。

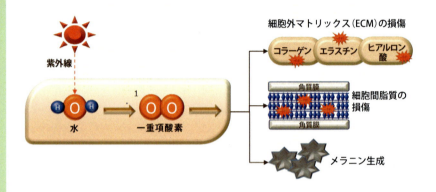

図 1-8　紫外線による活性酸素の生成と皮膚ダメージ

【カロテン類の紫外線エネルギー吸収効果】
　紫外線のエネルギーを吸収して活性を低減させる代表的な化合物は、二重結合をたくさん持ったポリエン化合物のカロテン類で、イソプレンが8分子繋がったテトラテルペンです。この化合物に紫外線が当たると、二重結合の連鎖がそのエネルギーを低減させて、皮膚に到達するのを防ぐ働きをします。カロテン類の中でも、アルコールやケトンなどの官能基を持ったものは、よりその力が強く、アスタキサンチンはカロテン類の中で最も紫外線を吸収する力が強いとされています。

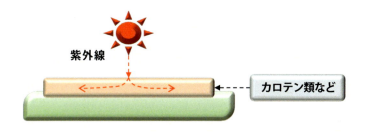

図 1-9　ポリエン類による紫外線エネルギーの吸収イメージ

【ポリフェノール類と抗酸化効果】
　発生した活性酸素を無毒化する能力を持つ化合物の中で、分子内にフェノール基をたくさん持つポリフェノールは、その効果が高く、花の赤や青色の成分であるアントシアニン系色素、主として黄色を呈するフラボノイド類、茶色を呈するタンニン類、およびフェニルプロパノイド類などの化合物に強い活性酸素消去能があります。
　フェノール性水酸基は、植物成分が酸化されないように、自身の水素を活性酸素に与えることによって酸化力を失わせて、植物を酸化ダメージから守ります。
　このような、植物に存在する活性酸素消去能を持つ化合物（ラジカルスキャベンジャー）は、私たち人間に取っても有用で、それらを植物から取り入れることで、活性酸素から受ける酸化ダメージが軽減され、健全に過ごすことができるようになります。

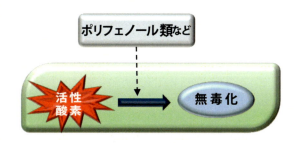

図 1-10　ポリフェノール類による活性酸素の無毒化イメージ

抗菌

【菌の種類】

　植物が生育する生活環境には、根や植物体に感染する土壌菌や空中に浮遊する菌、さらにウイルスなどが無数に存在しており、植物はそれらによる感染から身を守るために、二次代謝成分を作り出し、病原菌やウイルスに対抗しています。

　微生物は 1 ～ 100μm 程度の、肉眼では見ることが難しい極めて小さい生物です。春先に花粉症の原因となるスギ花粉の粒子はおよそ 10μm、PM2.5 が 2.5μm であり、細菌の大きさはこれらとほぼ同じで顕微鏡レベルのサイズになります。

　微生物は大きく分けて、真菌類（カビ、酵母）に代表される、遺伝子を保護する核膜をも持つ「真核生物」と、細菌類のように核膜を持たない「原核生物」に分けられます。

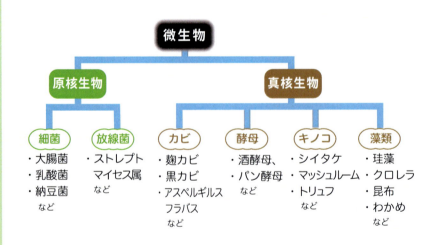

図 1-11　微生物の分類

原核生物である細菌類では、腸内に生息している大腸菌が良く知られていますが、この菌の仲間には食中毒を引き起こす病原性大腸菌があり、また糞便中にも存在していて、汚染の代表のような悪いイメージがありますが、本来は無害な菌です。

　これに対し乳酸菌は、腸管内で食物を分解しながら、腸内環境を整える作用がある乳酸や酢酸などの酸類を生成し、また腸内悪玉菌と拮抗して、腸内環境を整える役割をする重要な細菌です。また乳酸菌は、チーズやキムチなどの多くの発酵食品を作る菌でもあり、私たちの身近なところで活躍しています。

　放線菌は、カビのように菌糸を放射状に伸ばす菌で、土壌中に存在し、結核の治療薬に使われるストレプトマイシンなどの抗生物質を生み出しています。

　真核生物の中で、胞子を伸ばして成長するカビ類には、日本酒や味噌などの製造過程で、デンプンを糖に分解する働きをする麹カビなどの有益なカビと、猛毒アフラトキシンを生産するアスペルギルスフラバス、浴室など湿度の高い室内に繁殖し、壁やプラスチックを黒くする黒カビなど、好ましくないカビがあります。水虫やフケなどを発生させる菌もカビの仲間で、こちらも好ましくないカビの一つです。

　酵母は母細胞の核が分裂し、娘細胞に移行して分裂増殖する菌で、醸造過程で糖をアルコールに変える働きをするセレビシア菌は、日本酒、ワイン、ビールなどの発酵に使われます。またパン作りの過程で炭酸ガスを発生するパン酵母など、食品分野で多く利用されているものがあるのに対し、同じ酵母でも人間の身体に通常に存在し、体に変調が現れた時などに活発に活動し、かゆみや痛みなどの炎症を引き起こすカンジダ菌もあります。

　キノコ類は、菌糸体を伸ばして成長し、子実体を形成する菌です。シイタケやマッシュルームなど、香りや食感を高める素材として、また栄養価の高い食材として量産体制が整い、世界中で食されています。

　藻類は光合成を行う微生物で、地球創生期に地球上に酸素を増やした生物としても知られています。

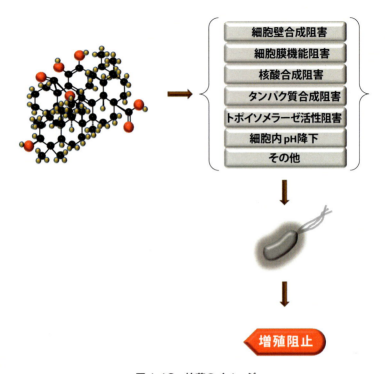

図 1-12 抗菌のイメージ

【抗菌・殺菌メカニズム】
　菌類も動植物と同じく生命活動をしており、自身が生存してくために毒素を放出して感染症などを引き起こし、植物にダメージを与えるものがあります。植物体はそれらの有害菌が自身に害を及ぼさないように、菌類の生命活動を阻止するような成分を生産し対抗する手段をとります。
　細胞壁合成阻害剤の働きは、細菌類に特有に存在するペプチドグルカン（N-アセチルグルコサミンと N-アセチルムラミン酸がペプチド鎖で架橋されたもの）の生成を阻害し、菌類を死滅させるもので、放線菌などが作る抗生物質は細菌類の細胞壁合成阻害剤の代表的な化学物質です。
　細胞膜機能阻害は、生命活動に必要な物質が細胞外に溶出しないように保護する役割として存在する細胞膜に損傷を与え、その結果細胞内の成分が溶出し、正常な生命活動ができなくなる状態を作ることにより菌を死滅

させます。

核酸は、生命体を維持する上で重要な各種タンパク質の合成法を遺伝子情報化したもので、核酸合成阻害作用は、この核酸合成を阻害してタンパク質合成を阻止する作用です。

タンパク質合成阻害は、核酸の情報に基づいてタンパク質を合成する器官であるリボソームの活動を阻害することによりタンパク質合成が不可能となり、その結果菌は増殖できなくなります。

トポイソメラーゼは、DNA の読み取りをしやすくするために二重らせん構造をほどく役割をする酵素で、この活性を阻害することにより遺伝子情報を読み取ることができなくなり、タンパク質合成などが阻害され、菌の増殖が抑制されます。

クエン酸や酢酸などは pH が低下すると非解離型となり、容易に細胞膜を通過することができます。その結果、細胞内の水素イオン濃度が高まり、タンパク質が変性するなどの障害が起こり、菌の増殖が阻害されます。

銀イオンによる抗菌が注目されています。植物と直接関連はないのですが、こちらは銀イオンが菌細胞内に侵入し、タンパク質の -SH 基などの活性基に結合して、機能を失わせるというメカニズムです。

アレロパシー成分は、上記メカニズムの一つあるいは複合的に微生物に作用し、自身が菌で汚染されダメージを受けることから身を守っています。

第2章　植物成分の化学

　化学物質は、植物に限らずすべての生命体が生命活動をするために必須のもので、生体内で合成される、あるいは外部から取り入れるなどにより、その役割を果たしています。

　植物におけるこれらの化学成分は、光エネルギーと水、そして二酸化炭素の反応によって生成する糖が出発原料となり、多くの酵素による触媒活動を介して合成されます。

二酸化炭素から各種植物成分の生合成

　クロロフィル（葉緑素）が太陽光エネルギーを吸収・変換して、二酸化炭素と水からデンプンなどの有機物を合成することを光合成と呼び、この反応系で酸素が放出されます。

$$6CO_2 + 12H_2O \longrightarrow C_6H_{12}O_6 + 6O_2 + 6H_2O$$

クロロフィル、hv

　二酸化炭素と水が、D-リブロース-1,5-ニリン酸と反応し、2分子の3-ホスホグリセリン酸が生成し、反応を繰り返し、グルコースが生成します。

　二次代謝成分の生合成経路は以下のようになります。

　脂肪酸と**ポリケチド**は、3-ホスホグリセリン酸からピルビン酸を生成し、アセチルCoAに変換されて酢酸-マロン酸経路で合成されます。

　D-グリセルアルデヒド-3-リン酸はデオキシキシルロース-5-リン酸に変換され、アセチルCoAとの反応でメバロン酸経路に入り、**テルペン類**が合成されます。テルペン類はピルビン酸を起点にした別の経路からも合成されます。

　ホスホエノールピルビン酸はD-フルクトース-6-リン酸から生成するD-エリスロース-4-リン酸と反応してシキミ酸経路に入り、**フェニルプロパノイド類**が合成されます。

　フラボノイド類は酢酸-マロン酸経路とシキミ酸経路の複合で生成します。

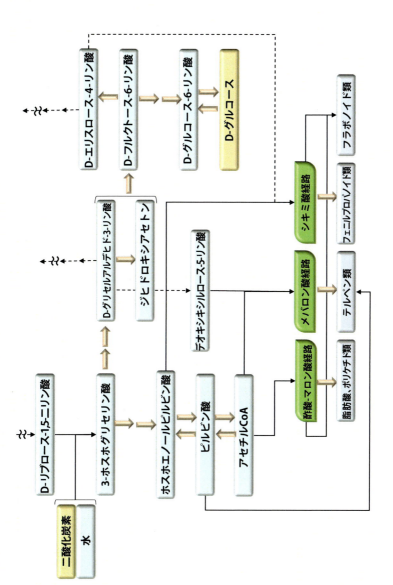

図 2-1　二酸化炭素から各種植物成分の生成経路

1 糖類

　植物の光合成によって、二酸化炭素と光エネルギーで作られる糖類は、炭素数 3 〜 7 個で構成される化合物で、代表的なものとして、炭素数 6 個のグルコース（ブドウ糖）とその重合物であるセルロースやデンプンなどがあり、植物体で生合成されるすべての成分の出発原料になっています。

　単糖類には、アルデヒド基を持つ「アルドース」とケトン基を持つ「ケトース」があり、それぞれのカルボニル基は、他の炭素のアルコール基と結合し、アルデヒドの場合は「ヘミアセタール」、ケトン基の場合は「ケタール」形成をして、環状構造をとります。六員環のピラン環を形成したものは「ピラノース」、五員環のフラン環を形成したものは「フラノース」と呼びます。

　この場合、カルボニル基の炭素が不斉炭素となり、新たな光学異性体が生成します。この異性体がアノマーであり、不斉が生じたカルボニル基の炭素をアノマー炭素と呼びます。

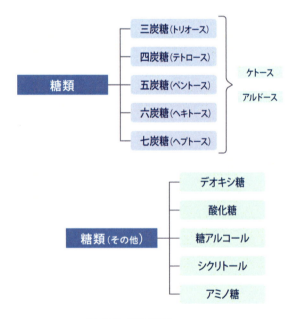

図 2-2　糖の種類

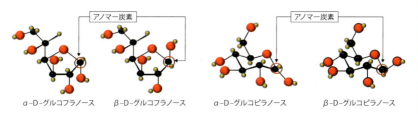

図2-3 グルコースのフラノース・ピラノースと光学異性体

(1) 単糖類

アルドペントース

【D-キシロース】

木材のセルロースの構成成分で、虫歯菌に効果があるなどとして、歯磨きやチューインガムなどのオーラルケア製品に利用されているキシリトールは、白樺のキシロースから還元反応によって合成されています。

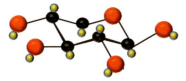

α-D-キシロピラノース

化学式	$C_5H_{10}O_5$
分子量	150.13
CAS No	50855-32-8

【D-リボース、2-デオキシ-Dリボース】

D-リボースは核酸塩基に結合してRNA（リボ核酸）を形成する糖で、生命活動の必要なエネルギーを生み出すATP（アデノシン三リン酸）の糖ユニットでもあります。また、D-デオキシ-β-D-リボースは、リボースの2位の炭素から酸素が脱離したもので、DNAの糖ユニットになります。

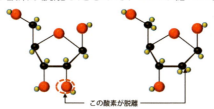

β-D-リボフラノース　　2-デオキシ-β-D-リボフラノース

【その他のアルドペントース】
L-アラビノース、D-アピオース

ケトヘキソース

【D-フルクトース】

ショ糖の構成成分でもあり、強い甘味を持った糖として知られ、果汁に多く含まれることからこの名前がついています。

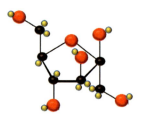

D-フルクトフラノース

化学式	$C_6H_{12}O_6$
分子量	180.16
CAS No	30237-26-4

デオキシ糖

【L-ラムノース】

α-L-ラムノピラノース

化学式	$C_6H_{12}O_5$
分子量	164.16
CAS No	10485-94-6

【その他のデオキシ糖】
L-フコース

酸化糖

【L-アスコルビン酸】

ビタミンCという名で知られ、体内で不足すると壊血病を引き起こしま

す。強い抗酸化効果、またチロシナーゼの活性を抑制する効果があり、より高い活性を持つ誘導体が合成され、美白化粧品に利用されています。

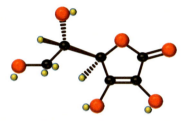

L-アスコルビン酸

化学式	$C_6H_{12}O_6$
分子量	176.12
CAS No	50-81-7

【その他の酸化糖】
D-グルクロン酸

糖アルコール

【グリセリン】
　油脂は三分子の脂肪酸がグリセリンとエステル結合したもので、強アルカリで鹸化することにより石鹸とグリセリンが生成します。保湿効果に優れ、甘味があり、化粧品、オーラルケア製品、医薬品など広範囲のアプリケーションに利用されます。

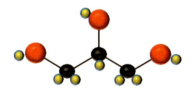

グリセリン

化学式	$C_3H_8O_3$
分子量	92.09
CAS No	56-81-5

【その他の糖アルコール】
エリスリトール

シクリトール

【イノシトール】
　果実などに含まれ、グルコースから生合成される成分で、植物体内ではリン酸が結合したフィチン酸として存在しています。脂肪蓄積を防ぐなどの効果があり、サプリメントとしても利用されています。

化学式	$C_6H_{12}O_6$
分子量	180.16
CAS No	87–89–8

myo–イノシトール

アミノ糖

【D-グルコサミン】
　2位の炭素にアミノ基がついた糖です。甲殻類に多く存在し、動物の関節にある軟骨の構成成分プロテオグリカンの一部であり、クッション材として働くことから、関節の動きをよくするサプリメントとして利用されています。

化学式	$C_6H_{13}NO_5$
分子量	179.17
CAS No	3416–24–8

D-グルコサミン

【その他のアミノ糖】
D-ガラクトサミン、N-アセチルグルコサミン、フルクトサミン

（2）オリゴ糖（小糖類）

糖が 2-4 個脱水縮合したもので、2 個つながったものは二糖類、3 個は三糖類、4 個は四糖類になります。

1 二糖類

還元二糖類

還元二糖類とは、結合した二種の糖どちらかのアノマー炭素がヘミアセタール構造をしたもの。

【マルトース】

グルコースが二分子結合したもので、デンプンの加水分解によって生成します。麦芽糖とも呼ばれ、ビールやウイスキー製造工程中にアミラーゼによって分解され、酵母によってアルコールに変換されます。

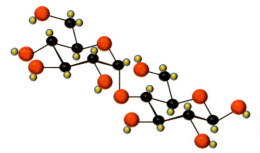

化学式	$C_{12}H_{22}O_{11}$
分子量	342.30
CAS No	133-99-3

マルトース

【その他の還元二糖類】
ガラクトース、セロビオース

非還元二糖類

非還元二糖類とは、結合した二種の糖どちらのアノマー炭素もヘミアセタール構造を持たないもの。

【スクロース（砂糖）】
グルコースとフルクトースが結合したもので、ショ糖の名で知られる、最もポピュラーに使われている甘味料です。

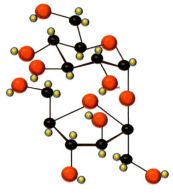

スクロース

化学式	$C_{12}H_{22}O_{11}$
分子量	342.30
CAS No	57-50-1

２ その他オリゴ糖

三糖類

【ラフィノース】
β-D-アラビノ-ヘキシ-2-ウロフラノシル-α-D-ガラクト-ヘキソピラノシル-(1→6)-α-D-グルコ-ヘキソピラノシド

四糖類

【スタキオース】
β-D-アラビノ-ヘキシ-2-ウロフラノシル-α-D-ガラクト-ヘキソピラノシル-(1→6)-α-D-ガラクト-ヘキソピラノシル-(1→6)-α-D-グルコ-ヘキソピラノシド

（3）多糖類

　単糖が 10 個以上つながったもので、グルコースが連鎖した「グルカン」とフルクトースが連鎖した「フルクタン」があります。

グルカン

【セルロース】
植物組織を形成する成分で、セロビオースが連鎖したもの
【デンプン】
　直鎖上のアミロースと枝分かれしたアミロペクチンがつながって高次構造をしたもの。
　水を吸収して膨張する性質（糊化）があり、糊化したデンプンを乾燥すると不溶化する（老化）性質があります。

2 アミノ酸・ペプチド・タンパク質

　アミノ酸は、生体成分を構成するタンパク質の最小ユニットで、生体反応を触媒する酵素も含まれ、遺伝子にコード化された情報に基づいて多数のアミノ酸が連鎖して高次構造を形成しています。

　アミノ酸類は、解糖系から生成したグルコース–6–リン酸を起点にして、そこから各種経路を経て生合成される、カルボキシル基のα位にアミノ基を持った化合物です。またアミノ基がついている炭素が不斉炭素であるため光学活性体が生じ、天然のアミノ酸は L–体となります。

　タンパク質を構成するアミノ酸は 20 種で、その中には生体内で合成できないため外部から摂取しなければならない、必須アミノ酸と呼ばれる 9 種のアミノ酸があり、これらは、肉などのタンパク質から体内に取り入れます。

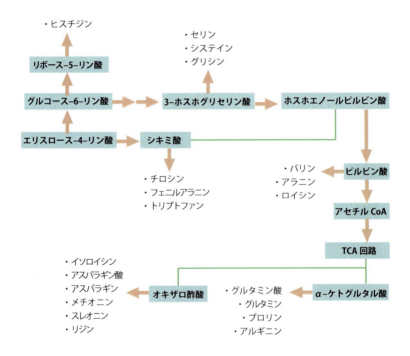

図 2-4　各種アミノ酸の生合成

表2-1 各種アミノ酸とその分類

種類	名称	略称	側鎖
中性アミノ酸	グリシン	Gly	脂肪族
	アラニン	Ala	脂肪族
	バリン	Val	脂肪族
	ロイシン	Leu	脂肪族
	イソロイシン	Ilu	脂肪族
	フェニルアラニン	Phe	芳香族
	チロシン	Thy	芳香族
	トリプトファン	Trp	インドール
	セリン	Ser	水酸基
	スレオニン	Thr	水酸基
	メチオニン	Met	含硫
	システイン	Cys	含硫
	アスパラギン	Asn	アミノカルボン酸
	グルタミン	Gln	アミノカルボン酸
酸性アミノ酸	アスパラギン酸	Asp	カルボン酸
	グルタミン酸	Glu	カルボン酸
塩基性アミノ酸	リジン	Lys	アミノ基
	アルギニン	Arg	アミノ基
	ヒスチジン	His	イミダゾール
特殊アミノ酸	プロリン	Pro	イミノ

（1）中性アミノ酸

アミノ酸の基本ユニット（カルボキシル基とα位のアミノ基）以外に、酸性基や塩基性基を持たないアミノ酸で、側鎖がアルキル基や芳香族で構成され、中には硫黄原子を含んだものもあります。

【L-グリシン】

最も分子の小さいアミノ酸で、コラーゲンの構成アミノ酸として重要であり、また睡眠クオリティーを高める効果があるとされています。

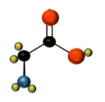

L-グリシン

化学式	$C_2H_5NO_2$
分子量	75.07
CAS No	200-272-2

【L-バリン】

必須アミノ酸で、筋肉中のタンパク質を構成する成分として重要な分岐鎖アミノ酸で、筋肉を強化する作用があります。

L-バリン

化学式	$C_5H_{11}NO_2$
分子量	117.15
CAS No	72-18-4

【L-チロシン】

フェノール基を持った芳香族アミノ酸で、皮膚上では紫外線によるダメージを防ぐために、チロシナーゼの働きにより酸化重合をしてメラニンを生成します。

L-チロシン

化学式	$C_9H_{11}NO_3$
分子量	181.19
CAS No	60-18-4

【L-トリプトファン】

分子内にインドール基を持ち、ストリキニーネやレセルピンなどのインドールアルカロイド、キニーネやカントプテシンなどのキノリンアルカロイドの前駆体になります。

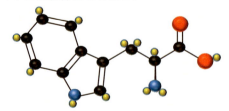

L-トリプトファン

化学式	$C_{11}H_{12}N_2O_2$
分子量	204.23
CAS No	73-22-3

【L-セリン】

繭のタンパク質成分で、保湿効果が高くスキンケア素材として利用されているセリシンの 40% を構成する水酸基を持つアミノ酸で、セリシンのスキンケア効果に大きく関与している化合物です。

L-セリン

化学式	$C_3H_7NO_3$
分子量	105.09
CAS No	25821-52-7

【L-メチオニン】

分子内に硫黄原子を持つ含硫アミノ酸で、ヒスタミンの分泌を抑制するなどの作用があります。同じ含硫アミノ酸であるL-システイン同様、口腔内で細菌によって分解され、メチルメルカプタンなどの揮発性硫黄化合物が生成し、口臭の原因になるアミノ酸でもあります。

L-メチオニン

化学式	$C_5H_{11}NO_2S$
分子量	149.21
CAS No	63-68-3

～その他中性アミノ酸～

L-アラニン、L-ロイシン、L-イソロイシン、L-フェニルアラニン、L-スレオニン、L-システイン、L-アスパラギン、L-グルタミン

(2) 酸性アミノ酸

分子内にもう一つカルボキシル基を持ち、酸性を示すアミノ酸です。

【L-グルタミン酸】

昆布の旨味成分として知られているアミノ酸で、納豆のねばねば成分は

グルタミン酸が多数つながったもので、こちらも納豆の旨味に関与しています。脳内に発現するグルタミン酸受容体に取り付くと、学習能力や記憶力が向上することでも注目されています。

L-グルタミン酸

化学式	C₅H₉NO₄
分子量	147.13
CAS No	25513-46-6

【その他の酸性アミノ酸】
L-アスパラギン酸

（3）塩基性アミノ酸

分子内にアミンやピリジンなどの塩基性基を持つアミノ酸です。

【L-リジン】

側鎖にアミノ基を持つ必須アミノ酸で、疲労回復効果などが期待されるアミノ酸として知られていますが、植物中の含有量が少ないため、動物性タンパク質から摂取するのが効果的です。

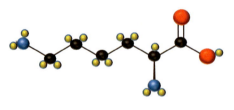

L-リジン

化学式	C₆H₁₄N₂O₂
分子量	146.19
CAS No	20166-34-1

【その他の塩基性アミノ酸】
L-アルギニン、L-ヒスチジン

（4） その他アミノ酸

α－位のアミノ基が環化したものや、α－位にアミノ基を持たず、側鎖にあるものなど、一般のα－アミノ酸と化学構造が異なるもの。

【プロリン】

20種のアミノ酸に含まれるが、α－位のアミンが環化しピロリジンになった化合物で、環に水酸基のついたヒドロキシプロリンは、コラーゲンのアミノ酸構成成分の10%を占めています。

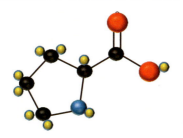

化学式	$C_5H_9NO_2$
分子量	115.13
CAS No	37159–97–0

L-プロリン

【テアニン】

グルタミン酸の側鎖カルボキシル基にエチルアミンがアミド結合した化合物で、緑茶の甘味成分であり、睡眠導入効果や鎮静効果があるなど、メンタル効果の高い化合物です。

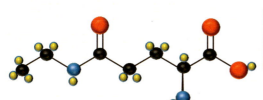

化学式	$C_7H_{14}N_2O_3$
分子量	174.2
CAS No	3081–61–6

L-テアニン

【γ-アミノ酪酸】
　カカオや各種野菜などに含まれているアミノ酸で、脳内ではストレスや興奮を和らげる抑制系神経伝達物質として働きます

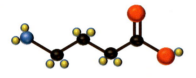

γ-アミノ酪酸

化学式	C₄H₉NO₂
分子量	103.12
CAS No	56-12-2

（5）ペプチド

　アミノ酸が数個から数十個連鎖したもので、生理活性を持つものが多く、下垂体後葉から分泌され、「幸せホルモン」と呼ばれるオキシトシンは9個のアミノ酸が連結したものです。

（6）タンパク質

　アミノ酸が多数連結し、複雑に絡みあって高次構造を形成したもので、球状タンパク質、繊維状タンパク質に分類され、アミノ酸のみで作られた単純タンパク質とその他の化合物を含む複合タンパク質があります。生体反応を触媒する酵素もタンパク質で、こちらも単純たんぱくと銅イオンを持ったチロシナーゼのような複合タンパク質があります。

3 脂肪酸・ポリケチド

　油脂やロウなどの構成成分である脂肪酸、およびキノン類や各種芳香族化合物などのポリケチド類は、酢酸–マロン酸経路で生合成される化合物です。

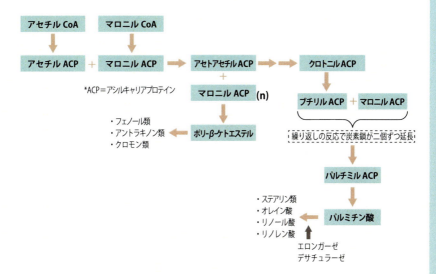

図 2-5　脂肪酸・ポリケチドの生合成

　アセチル CoA とマロニル CoA は、共に縮合エネルギーを高めるためにアシルキャリアプロテイン（ACP）と結合し、縮合と脱炭酸を繰り返して炭素 2 個ずつ延長し、パルミチン酸を合成します。
　油脂を構成する脂肪酸は、主として炭素数 18 のステアリン酸（C18）[*]、オレイン酸（C18：1）、リノール酸（C18:2）、リノレン酸（C18:3）ですが、これらは、パルミチン酸に炭素鎖 2 個を延伸する酵素「エロンガーゼ」が作用して飽和のステアリン酸が生成し、引き続き炭素鎖から水素 2 個を引き抜く働きをする酵素「デサチュラーゼ」によって二重結合が構築され、オレイン酸、リノール酸およびリノレン酸が作られます。

---

[*]　C18 は炭素数 18 であることを示し、18:1 は炭素数 18 で二重結合が一つであることを示す。

ポリケチドは、アセトアセチル ACP にマロニル ACP が縮合し、還元反応が起こらずに脱炭酸と縮合を繰り返し、炭素鎖が延長して生成したポリケトンから、環化を伴って芳香族化合物類が生成します。

　ケトン基 4 個を持ったテトラケタイドからは、オルセリン酸やフロロアセトフェノンなどの芳香族化合物が生成し、同じく 8 個のオクタケチドからは、環化を伴ってアンスロンとその二量体（二つ重なったもの）のビアンスロン類が生成します。

（1）脂肪酸

　脂肪酸は鎖の長さによって短鎖脂肪酸（低級脂肪酸）中鎖脂肪酸（中級脂肪酸）、長鎖脂肪酸（高級脂肪酸）に分類されます。

　短鎖脂肪酸は炭素数 4 以下のもので、酢酸－マロン酸経路で作られた偶数炭素のものと、そこからα酸化した奇数炭素があります。

　短鎖脂肪酸には悪臭とも思われるような刺激臭がありますが、フルーツなど各種食品の香りを構成する成分として極めて重要なもので、食品関連の香りの調香素材として欠かせない存在です。

　中鎖脂肪酸は炭素数 5–12 までの脂肪酸で、酢酸－マロン酸経路およびα酸化によって合成されます。油脂の構成脂肪酸として多くを占める長鎖脂肪酸に比較して消化吸収が早く、炭素数が短いことで分解する速度が速いため脂肪として蓄積しにくいというメリットがあり、また脳内のエネルギーとして重要なケトン体を生成しやすいという特徴があります。

　ココナツオイルやパーム核油などはラウリン酸（C12）が多く含まれており、中鎖脂肪酸の供給源として利用されています。

　長鎖脂肪酸は炭素数 14 以上の脂肪酸で、二重結合を持つ脂肪酸が多く含まれ、特に各種植物油脂の主要構成成分である C18 脂肪酸には、二重結合を含んだものが三種類存在します。油脂を構成する脂肪酸で、二重結合を多く持っているものは常温（20℃程度）で液体になる性質があり、これを「油」と呼び、常温で固体のものは二重結合のない（飽和）脂肪酸を多く含む傾向があり、こちらを「脂」と呼びます。「油脂」とは、油と脂の両方を指します。

　パルミトオレイン酸（C16:1）は、パルミチン酸（C16）からデサチュラー

ゼの作用によって生成する、マカデミアナッツ油の主要脂肪酸です。

パルミチン酸からエロンガーゼによって生成したステアリン酸から、デサチュラーゼの作用によって二重結合が加わりますが、二重結合が一ついたものを「一価不飽和脂肪酸」、二つ以上のものを「多価不飽和脂肪酸」と呼びます。

ステアリン酸から生成する一価不飽和脂肪酸はオレイン酸（C18:1）で、多価不飽和脂肪酸には、リノール酸（C18:2）、リノレン酸（C18:3）があります。

リノレン酸には、二重結合が始まる位置によってα-リノレン酸とγ-リノレン酸の二種類が存在し、γ-リノレン酸は代謝されてアラキドン酸に変換され、シクロオキシゲナーゼやリポキシゲナーゼなどの作用によって炎症性物質のプロスタグランジンやロイコトリエンなどを生成します（アラキドン酸カスケード）。α-リノレン酸は、アラキドン酸カスケードと拮抗する作用があり、抗炎症に働くことから、$\gamma : \alpha = 4 : 1$の割合を目安に摂取することが望ましいとされています。

【酪酸】

チーズなどの乳製品の香りとして、乳脂肪の加水分解および糖や乳酸から発酵によって生成する化合物で、体臭を連想させる強い刺激臭が特徴です。

酪酸

化学式	$C_4H_8O_2$
分子量	88.11
CAS No	107-92-6

【ラウリン酸】

ココナッツ油やパーム核油を構成する脂肪酸で、他の油脂を構成する炭素数18の脂肪酸に比較して炭素鎖が短いためβ-酸化による代謝スピードが速く、脂肪として蓄積しにくい成分です。

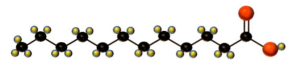

ラウリン酸

化学式	$C_{12}H_{24}O_2$
分子量	200.32
CAS No	143-07-7

【パルミチン酸】

　酢酸-マロン酸経路による脂肪酸合成の最終生成物で、炭素数 16 の飽和脂肪酸です。パーム油や木蝋などの植物油を構成する成分で、界面活性剤の原料としてなど、化粧品や工業薬品としても広く利用されています。

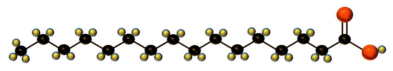

パルミチン酸

化学式	$C_{16}H_{32}O_2$
分子量	256.43
CAS No	57-10-3

【ステアリン酸】

　炭素数 18 の飽和脂肪酸で、植物脂（バター類）にはパルミチン酸やステアリン酸などの飽和脂肪酸が多く含まれ、その結果固化して脂を形成します。苛性ソーダで中和したステアリン酸ナトリウムは固形石鹸として、その他化粧品素材や医薬品素材として広く利用されています。

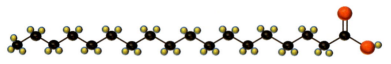

ステアリン酸

化学式	$C_{18}H_{36}O_2$
分子量	284.48
CAS No	57-11-4

【オレイン酸】

炭素数 18、二重結合 1 の脂肪酸で、オリーブ油などオレイン酸を主要構成脂肪酸とする油脂は数多く、一般には常温で液状の植物油となります。ヘアケア効果の高い脂肪酸としても知られ、オレイン酸を 80％程度含む椿油は、髪に良いオイルとして利用されています。

オレイン酸

化学式	$C_{18}H_{34}O_2$
分子量	282.47
CAS No	112–80–1

【リノール酸】

炭素数 18、二重結合 2 の脂肪酸で、体内で合成できないことから、外部からの摂取が必要となる「必須脂肪酸」に指定されています。側鎖の端（オメガ位）から数えて 6 番目の炭素から二重結合が始まることから、オメガ–6 脂肪酸とも呼ばれます。

リノール酸を多く含むベニバナ油は植物性マーガリンに加工される原料として使われるなど、加工食品用原料としても利用されています。

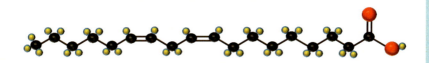

リノール酸

化学式	$C_{18}H_{32}O_2$
分子量	280.45
CAS No	60–33–3

【α-リノレン酸】

　炭素数 18、二重結合 3 の脂肪酸で、オメガ位から数えて 3 番目の炭素から二重結合が始まるオメガ−3 脂肪酸で、体内で代謝されてエイコサペンタエン酸（EPA）やドコサヘキサエン酸（DHA）を生成します。アラキドン酸カスケードと拮抗反応して炎症性物質の生成を抑制する作用があり、抗炎症として働きます。

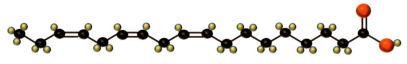

α - リノレン酸

化学式	$C_{18}H_{30}O_2$
分子量	278.44
CAS No	463-40-1

【γ-リノレン酸】

　同じく炭素数 18、二重結合 3 の脂肪酸ですが、オメガ位から数えて 6 番目の炭素から二重結合が開始するオメガ−6 脂肪酸であり、リノール酸から代謝されて生成します。この脂肪酸は、さらに代謝を受けてアラキドン酸が生成し、これが過剰になると炎症性物質に変わるので注意が必要です。

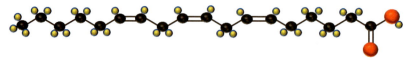

γ−リノレン酸

化学式	$C_{18}H_{30}O_2$
分子量	278.44
CAS No	506-26-3

（2）ポリケチド

オクタケチドから生成するアンスロンに酸化、脱炭酸反応が起きてアントラキノン類が生成し、これが二量化（二分子が結合）することでジアンスロン類が生成します。

【エモジン】

漢方では便秘や腹痛の治療に使われるダイオウに含まれる成分で、抗菌効果や抗炎症効果が高く、また鮮やかな色彩があることから紅色染料としても使われている化合物です。

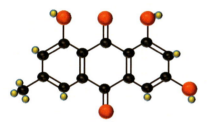

エモジン

化学式	$C_{15}H_{10}O_5$
分子量	270.24
CAS No	518–82–1

【ヒペリシン】

抗うつ効果や鎮痛効果があるセントジョーンズワートの活性成分として知られる、共役ジアンスロン骨格を持つ化合物で、インフュージョンオイルは鮮やかな紅色を呈します。

ヒペリシン

化学式	$C_{30}H_{16}O_8$
分子量	504.45
CAS No	548–04–9

4 テルペノイド

　イソプレンを最小単位として、それがいくつか連結して生成する化合物群です。炭素数 10-25 のテルペン類は、イソプレン同士が Head to Tail で結合し、炭素数 30 以上のテルペン化合物は、炭素数 15（セスキテルペン）が 2 分子あるいは炭素 20（ジテルペン）が 2 分子、Tail to Tail で結合して生成します。

　イソプレン 2 分子が結合したモノテルペンは、香り成分としてハーブや柑橘精油に多く含まれ、3 分子結合したセスキテルペンは、主に木材精油などの重量感のある香りを構成する成分です。モノテルペンとセスキテルペンは共に多くの精油に含まれ、それぞれ含有する成分と組成の違いによって、香りのタイプが異なります。

　香り成分に関しては、詳細に記載した著書[*]を参照していただくことにして、本著ではジテルペンより分子の大きい化合物について解説します。

表 2-2　テルペンの種類

イソプレン数	名称	総合タイプ
1	ヘミテルペン	（香り成分）
2	モノテルペン	Head to Tail（香り成分）
3	セスキテルペン	Head to Tail（香り成分）
4	ジテルペン	Head to Tail
5	セスタテルペン	Head to Tail
6	トリテルペン	セスキテルペン 2 分子が Tail to Tail で結合
不規則	ステロイド	スクアレンから炭素の離脱などによってできる化合物
8	カロテノイド	ジテルペン 2 分子が Tail to Tail で結合
4	ジアポカロテン	カロテノイドの両端の炭素がそれぞれ１０個切断されたもの
4	レチノイド	カロテン分子が半分で切断されたもの
多数	ポリテルペン	イソプレンが多数連鎖したもの

---

[*]　『ビジュアルガイド 精油の化学』（2012 年、フレグランスジャーナル社刊）

テルペン類の生合成は、アセチル CoA が 3 分子縮合してできるメバロン酸を中間体として、起点となる化合物であるイソペンテニルピロリン酸を合成するルートと、ピルビン酸とグリセルアルデヒド-3-リン酸の縮合から、2-メチルエリスリトール-6-リン酸を経由してイソペンテニルピロリン酸を合成する二種類のルートで合成されます。イソペンテニルピロリン酸が異性化してジメチルアリルピロリン酸が生成し、イソペンテニルピロリン酸と Head to Tail 結合してゲラニルピロリン酸が生成し、環化などの化学反応を繰り返しながらモノテルペン化合物を合成します。

　ゲラニルピロリン酸にイソペンテニルピロリン酸が Head to Tail で結合してファルネシルピロリン酸が生成し、ここから各種セスキテルペン化合物が合成され、さらにセスキテルペン 2 分子が Tail to Tail 結合してスクワレン（トリテルペン）が生成します。この化合物を起点にして環化反応が起こり、

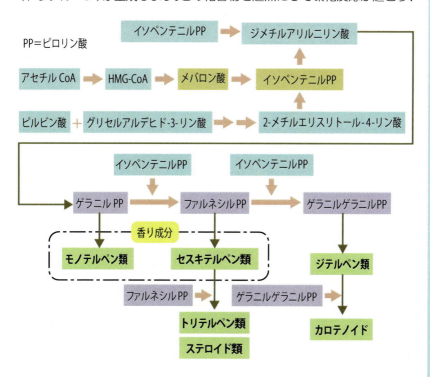

図 2-6　テルペン類の生合成

各種トリテルペン化合物が生成し、また炭素の離脱などの反応を伴ってステロイド類が合成されます。
　ファルネシルピロリン酸に、再びイソペンテニルピロリン酸が縮合してゲラニルゲラニルピロリン酸が生成し、環化などを伴ってジテルペン化合物が生成します。カロテノイドはジテルペン二つが Tail to Tail 結合することによって生成します。

（1）ジテルペン類

　イソプレンが4分子結合した、炭素数20の化合物で、鎖状ジテルペンと複雑な環を形成する各種環状ジテルペンがあります。
　転移型ラブダンには、イチョウ葉に含まれる成分で、血管拡張作用のあるギンコライド、ピマラン方型にはアビエチン酸の前駆体となるピマール酸、タキサン型には抗がん剤として使用されているパクリタキセルなどの化合物があります。

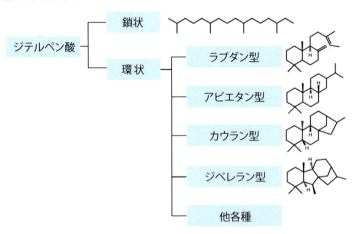

図2-7　ジテルペンの種類と骨格

1 鎖状ジテルペン
　【イソフィトール】
　3級アリルアルコールで、トコフェロール（ビタミンE）とクロロフィルの側鎖部分を構成する化合物です。同じ骨格で二重結合が残っているゲ

ラニルリナロールが側鎖になったものは、スーパービタミンEと呼ばれ、強い生理活性を示すトコトリエノールと呼ばれる化合物です。

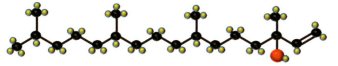

イソフィトール

化学式	$C_{20}H_{40}O$
分子量	296.54
CAS No	505-32-8

2 環状ジテルペン

【レチノール】

β-カロテン分子の中央部で切断されたレチノイド化合物で、末端に水酸基を持つことでレチノールと呼ばれます。レチノールの酸化生成物であるレチナールは、網膜内で光を感じるロドプシンの構成成分であり、不足すると夜盲症などの障害が起こります。

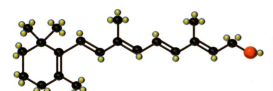

レチノール

化学式	$C_{20}H_{30}O$
分子量	286.46
CAS No	2052-63-3

アビエタン型

【アビエチン酸】

マツ科植物の樹脂成分として存在し、強い抗菌効果や殺ダニ効果のある化合物で、水蒸気蒸留では得られないため、樹皮からエタノールなどの溶剤によって抽出します。

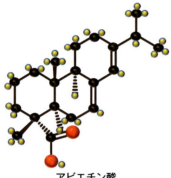

アビエチン酸

化学式	$C_{20}H_{30}O_2$
分子量	302.46
CAS No	208-178-3

【カルノソール】
　ローズマリーなどのシソ科植物に多く含まれる成分で、抗酸化効果や抗菌効果など多彩な生理活性を持った化合物です。

カルノソール

化学式	$C_{20}H_{26}O_4$
分子量	330.42
CAS No	5957-80-2

【その他のアビエタン型ジテルペン】
　カルノシン酸、ビシフェリン酸、ロズマノール、ロズマジアール

カウラン型

【ステビオール】
　ステビアの葉に含まれるカウラン型ジテルペン成分で、配糖体のステビオシドは砂糖の 150 倍の甘さがあり甘味料として利用されていますが、独特のえぐみがあるのが難点です。

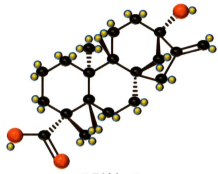

化学式	$C_{20}H_{32}O_3$
分子量	318.46
CAS No	471-80-7

ステビオール

（2）トリテルペン類・ステロイド類・サポニン類

トリテルペン類はイソプレン6分子が結合した化合物で、セスキテルペン二分子がTail to Tailで結合して生成します。

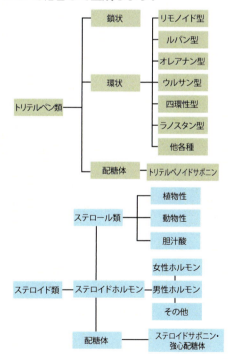

図2-8　トリテルペン・ステロイド・サポニンの種類

2,3-オキシドスクワレンを出発物質として、各種環状トリテルペン骨格が形成され、また、炭素の脱離や付加によってステロイド類が生成します。

サポニンには、トリテルペン類に糖が結合したトリテルペンサポニンと、ステロイド類に糖が結合したステロイドサポニンがあり、ステロイドサポニンの中には心筋に作用する強心配糖体があります。

1 鎖状トリテルペン

【スクワレン】

サメの肝油に多く含まれる成分ですがオリーブ油などの植物油にも含まれ、紫外線吸収などスキンケア効果が高い成分です。二重結合が多く不安定であるため、化粧品用途には、水素添加して二重結合を飽和したスクワランが使われます。

トリテルペン化合物およびステロイド生合成の起点となる 2,3-オキシドスクワレンは、2,3 位がエポキシ架橋した化合物です。

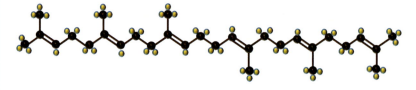

スクワレン

化学式	$C_{30}H_{50}$
分子量	410.73
CAS No	111-02-4

2 環状トリテルペン類

2,3-オキシドスクワレンが起点となり、環化を繰り返して四環性の一つであるダンマラン型が生成し、さらに環化して五環性トリテルペンが生成します。

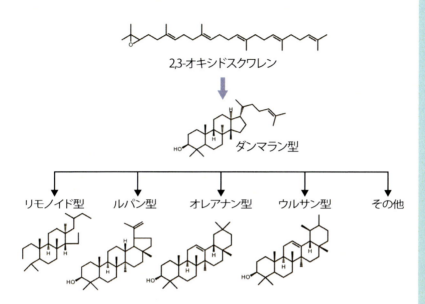

図 2-9　代表的な五員環トリテルペン骨格

リモノイド型

【リモニン】

柑橘類の果皮や種子に含まれる強い苦みを持つ成分で、抗菌、抗がん、抗ウイルスなどの薬理効果があるとされています。

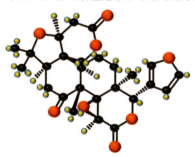

リモニン

化学式	$C_{26}H_{30}O_8$
分子量	470.52
CAS No	1180-71-8

ルパン型

【ルペオール】

キク科植物や植物油中に不鹸化物として存在し、抗メラノーマ作用を持つとされています。五員環付け根のメチル基が酸化されると、白樺樹液に含まれるベツリン酸となります。

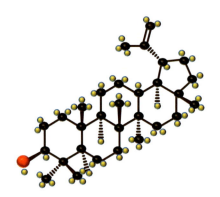

化学式	$C_{30}H_{50}O$
分子量	426.73
CAS No	545-47-1

ルペオール

ウルサン型

【ウルソル酸・α-アミリン】

ローズマリーなど、シソ科植物に含まれる五環性トリテルペン化合物で、抗菌、抗炎症、抗酸化など様々な薬理活性を持ち、マテサポニンのアグリコンでもあります。ウルソル酸のカルボキシル基がメチル基に変わったものはα-アミリンになります。

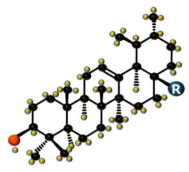
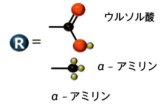

ウルソル酸

化学式	$C_{30}H_{48}O_3$
分子量	456.71
CAS No	77-52-1

α–アミリン

化学式	$C_{30}H_{50}O$
分子量	426.73
CAS No	638-95-9

オレアナン型

【オレアノール酸・β-アミリン】

　ぶどうが熟した後、表面に白く粉を吹いたように析出する成分で、強い抗菌活性がある他、がん細胞のアポトーシス誘導や血管新生を抑制する効果などの薬理効果が高く、また齲蝕菌に対する抗菌効果が強いことから、歯磨きやマウスウオッシュなどのオーラルケアでの応用が期待されています。オレアノール酸のカルボキシル基がメチル基に変わったものは、ツバキ油に含まれ、ヘアケア効果が高い成分とされているβ-アミリンです。

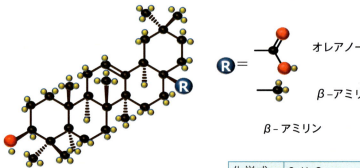

オレアノール酸

化学式	C_{30}H_{48}O_3
分子量	456.71
CAS No	508-02-1

化学式	C_{30}H_{50}O
分子量	426.73
CAS No	559-70-6

トリテルペンサポニン

　トリテルペン類がアグリコンとなり、糖が結合したもので界面活性剤の性質を持ち、去痰などの薬理作用があります。

表 2-3　主なトリテルペンサポニン

サポニン	アグリコン	糖
グリチルリチン	グリチルレチン酸	GlcA-GlcA
マテサポニン	ウルソル酸	Glu-Ala-Glu
ソヤサポニン II	ソヤサポゲノール	Glu-Gal

GlcA= グルクロン酸、Glu= グルコース、Ala= アラビノース、Gal= ガラクトース

3 ステロイド類

　2,3-オキシドスクワレンから環化反応によって植物ではシクロアルテノール、動物と菌類ではラノステロール（共にトリテルペン）が生成し、さらに代謝されて炭素数 18-29 のステロイド類が合成されます。
　ステロイド骨格は、左から A 環、B 環、C 環、D 環と呼ばれ、それぞれ C6、C6、C6、C5 環で構成されており、A 環の 3 位に水酸基が結合したものは、

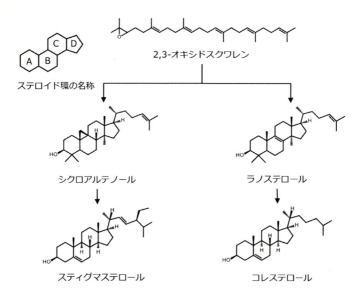

図2-10 植物性ステロールと動物性ステロールの生成

ステロールと総称され、植物ではフィトステロール、動物ではコレステロールなどがあり、それぞれシクロアルテノールおよびラノステロールから生成します。

植物ステロール

【β-シトステロール】

各種植物に含まれるステロイドで、植物油脂中にも不鹸化物として存在する、スキンケア効果の高い化合物です。

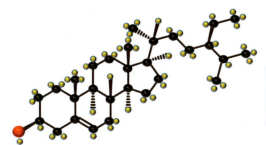

化学式	$C_{29}H_{50}O_3$
分子量	414.82
CAS No	19044-06-5

β-シトステロール

（3）カロテノイド

　イソプレンが8分子つながった炭素数40の化合物で、炭素数20のジテルペンが二分子 Tail to Tail 結合したものです。多種の植物に存在して鮮やかな赤や橙色を呈する化合物で、活性酸素消去効果など、様々な生理活性を持ち、また色素剤として利用できることから、機能性と色彩両方を備えた応用範囲の広い素材として注目されています。
　カロテノイドには、炭化水素化合物のカロテンと酸素を含むキサントフィルに分類されます。

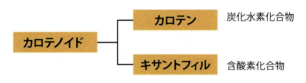

図2-11　カロテンとキサントフィル

1 カロテン類

　黄色・赤色野菜や果物の色素成分で、イソプレンが長くつながった鎖状カロテンと鎖の端がシクロヘキサン環を形成するカロテンがあります。トマトの鮮やかな赤い色は、鎖状カロテンであるリコピン、ニンジンやその他多くの植物に含まれる赤い色は、末端が環状となったカロテン類で、二重結合の位置異性体や片方の環が開いたものなど各種異性体が存在します。
　鎖部分の共役二重結合の連鎖は、活性酸素を消去する能力や、紫外線エネルギーを分散させる効果があります。

【β‐カロテン】

　側鎖中央部で切断されビタミンAを生成することから「プロビタミンA」と呼ばれる化合物で、赤い色を呈します。

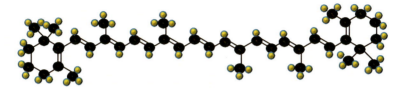

β - カロテン

化学式	$C_{40}H_{56}$
分子量	536.89
CAS No	7235–40–7

2 キサントフィル類

　カロテンの両端にある環に酸素分子がついたもので、官能基の種類によって色が変化します。また、官能基の種類は活性酸素消去能や紫外線吸収能に影響します。

【β - クリプトキサンチン】

　ミカンなど柑橘類の果皮やコーンなどに含まれ、オレンジ色を呈しています。

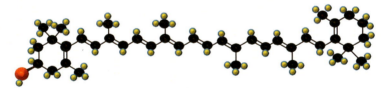

β-クリプトキサンチン

化学式	$C_{40}H_{56}O$
分子量	552.89
CAS No	472–70–8

【アスタキサンチン】

　サーモンなどに含まれる赤色の化合物で、カロテン類の中でも生理活性の高い成分として、化粧品やサプリなど、多くのアプリケーションに使われています。

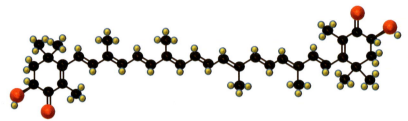

アスタキサンチン

化学式	$C_{40}H_{52}O_4$
分子量	596.85
CAS No	472-61-7

3 カロテン分解物

　カロテンの末端部分が一つ脱離したものは「アポカロテン」、両端が脱離したものは、「ジアポカロテン」と呼ばれます。また、Tail to Tail 結合した部分（炭素 20 個）で切断されたものは「レチノイド」と呼ばれ、ビタミン A となります。

【ジアポカロテン】

　シクロヘキサン環を含む、両端の炭素 10 個分が切断され、生成したカルボキシル基にゲンチオビオースが結合したものは、クチナシやサフランの黄色い色素であるクロシンと呼ばれるジアポカロテンで水に溶ける性質があります。

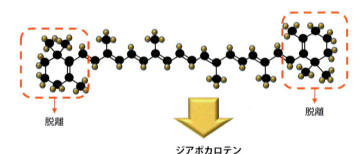

脱離　脱離

ジアポカロテン
クロシン、クロセチン（クチナシの黄色い色素）

【レチノイド】

　カロテン分子の中央部で切断されたもので、側鎖の端にアルデヒドやアルコールなどの官能基が付き、ビタミンAと総称されます。網膜に存在し、光を感じるシステム「ロドプシン」を構成する成分で、不足すると夜盲症などの障害が起こります。

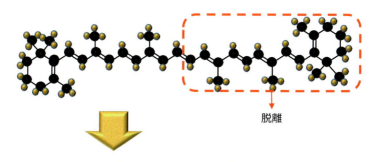

脱離

レチノイド
レチナール、レチノール（ビタミンA）

5 フェニルプロパノイド

シキミ酸経路で生合成される化合物で、ベンゼン環にプロピル基が結合した化合物の総称です。

ホスホエノールピルビン酸とD-エルスロース-4-リン酸がアルドール縮合し、中間体を経由して生成した3-デヒドロシキミ酸が還元され、シキミ酸が生成します。シキミ酸にホスホエノールピルビン酸が縮合した中間体を経由して生成したプレフェン酸から4-ヒドロキシフェニルピルビン酸が生成し、アミノ化されてチロシンが生成します。プレフェン酸に脱炭酸が起きると、フェニルピルビン酸が生成し、アミノ化されてフェニルアラニンが生成し、両化合物が起点になって、様々なフェニルプロパノイド類が合成されます。

シナモンの香気成分であるシンナムアルデヒド、アニスやフェンネルの香気成分のアネトール、クローブのオイゲノール、オイゲノールがβ-酸化して生成したバニリンはバニラの香りなど、スパイス系の香り成分にはフェニルプロパノイド化合物が多いのが特徴です。

フェニルプロパノイドには5種類あり、ベンゼン環にプロピル基が結合した標準的なタイプのフェニルプロパノイド、側鎖がラクトン環を形成したクマリン類、フェニルプロパノイドが二量化したリグナン・ネオリグナン類、三量体であるセスキリグナンおよび四量体であるジリグナン、多数が結合したリグニンがあります。

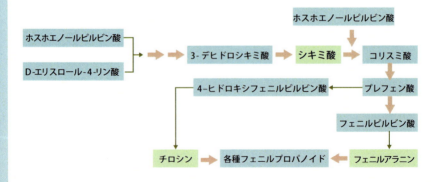

図2-12　フェニルプロパノイド生合成経路

（1）フェニルプロパノイド類

桂皮酸、エストラゴール、アネトール、オイゲノール、バニリンなど、香り成分を構成するものが多く、ベンゼン環に水酸基やメトキシ基などの官能基がつくことによって香りの特徴が変わります。

ベンゼン環や側鎖についた官能基が多くなるにしたがって揮発性が低下するため、香りとしての役割が失われ、生理活性物質として働くようになります。

【フェルラ酸】

米ぬかに多く含まれる化合物で、高い活性酸素消去能と美白などのスキンケア効果があり、米ぬかの生理活性成分として重要な役割をしている化合物です。β-シトステロールなどのフィトステロール類とエステル結合したγ-オリザノールも米ぬかのスキンケア効果に関与する重要な成分です。

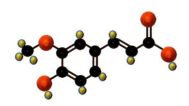

フェルラ酸

化学式	$C_{10}H_{10}O_4$
分子量	194.19
CAS No	1135-24-6

【コニフェリルアルコール】

フェルラ酸のカルボキシル基が還元されたもので、樹木の幹を構成する成分であるリグニンの基本ユニットです。

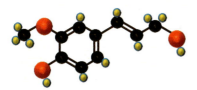

コニフェリルアルコール

化学式	$C_{10}H_{12}O_3$
分子量	180.20
CAS No	458-35-5

～その他フェニルプロパノイド類～
カフェ酸、桂皮酸、シンナムアルデヒド、シナピルアルコール、アネトール、オイゲノール、エストラゴール、サフロール、バニリン、他

(2) クマリン類

　プロパン側鎖が環化しラクトンを形成したもので、トンカビーンや桜の香りであるクマリンを基本骨格にして、ベンゼン環に異なる官能基がついた化合物群です。

【スコポレチン】
　ノニの成分で抗酸化効果や血管拡張作用があり、また動脈硬化を防ぐ効果などが注目されています。

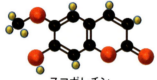

スコポレチン

化学式	$C_{10}H_8O_4$
分子量	192.17
CAS No	92-61-5

【ベルガプテン】
　レモンやベルガモットなどの柑橘類に含まれ、皮膚に塗布した後に紫外線を浴びるとしみ発生させる、光毒性物質として指定されており、化粧品や香料の用途には注意が必要です。

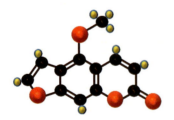

ベルガプテン

化学式	$C_{12}H_8O_4$
分子量	216.19
CAS No	484-20-8

【その他クマリン類】
エスクリン、ウンベリフェロン、ベルガモチン、キサントトキシン、アフラトキシン、他

(3) リグナン類・ネオリグナン類

フェニルプロパノイド類が二分子結合したもので、その結合の形によって6種のリグナンが存在します。

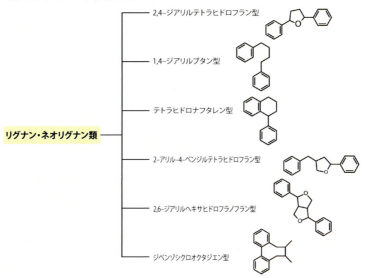

リグナン・ネオリグナン類
- 2,4-ジアリルテトラヒドロフラン型
- 1,4-ジアリルブタン型
- テトラヒドロナフタレン型
- 2-アリル-4-ベンジルテトラヒドロフラン型
- 2,6-ジアリルヘキサヒドロフラノフラン型
- ジベンゾシクロオクタジエン型

図2-13　リグナン・ネオリグナンタイプ

1 リグナン類

【アークチイン】

ゴボウなどに含まれるジアリルブタン型リグナンのグルコース配糖体で、漢方処方では発汗を促す生薬として使われています。

アークチイン

化学式	$C_{27}H_{34}O_{11}$
分子量	534.56
CAS No	20362-31-6

【セサミン】
　ゴマの成分として知られている化合物で、抗酸化力が強く、LDLコレステロールの生成抑制効果など成人病関連の症状に有効に働く素材として、サプリメントなどに利用されています。セサモリンは、片方のメチレンジオキシベンゼンがテトラヒドロフラン環とエーテル結合したものです。

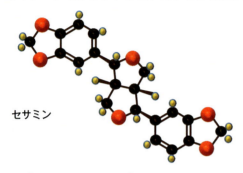

セサミン

化学式	$C_{20}H_{18}O_6$
分子量	354.36
CAS No	607-80-7

【その他のリグナン】
セサモリン、エトポシド、マタイレシノール、他

2 ネオリグナン類

【マグノロール】
　強い抗菌効果、またストレス性潰瘍の改善などの効果があり、生薬として利用されているホウノキ樹皮の活性成分です。

マグノロール

化学式	$C_{18}H_{18}O_2$
分子量	266.34
CAS No	528-43-8

【その他のネオリグナン】
リトスペルミン酸、他

（４）セスキリグナン、ジリグナン類

ラッパオール（セスキリグナン）、ラッパオールＦ（ジリグナン）

（５）リグニン

　主としてコニフェリルアルコールが重合してできた樹木の木部を形成する成分で、リグニンを加水分解し、酸化反応を行うとバニラの香りであるバニリンが生成し、この方法によって得られたものは、リグニンバニリンと呼ばれます。

6 複合生成経路

　植物の色彩や渋味などの成分であるフラボノイドやタンニンは、シキミ酸合成経路と酢酸–マロン酸合成経路の複合系で合成されます。

　シキミ酸から生合成されたp–クマロイルCoAにマロニルCoAが縮合し、中間体を経て、各種フラボノイド化合物が合成され、それらが縮合してタンニン類の一部が生成します。

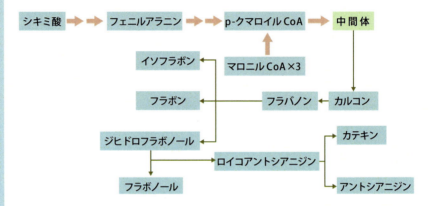

図2-15　フラボノイド類の生合成

（1）フラボノイド類

　「フラボ」は黄色という意味を持ち、この骨格を持つ化合物は黄色から淡褐色を呈します。同じフラボノイドでもアントシアニンは例外で、こちらは鮮やかな赤や青色を示す成分です。

　フラボノイドには、共通の基本骨格にケトン基や水酸基がついたもの、あるいは脱離したものなどの違いによって、フラボン、フラバノン、フラボノール、フラバノール（カテキン）、イソフラボン、カルコン、アントシアニジン各種が存在します。

　またそれぞれ単独で存在するだけでなく、糖と結合した「配糖体」を形成している化合物も多く存在しています。

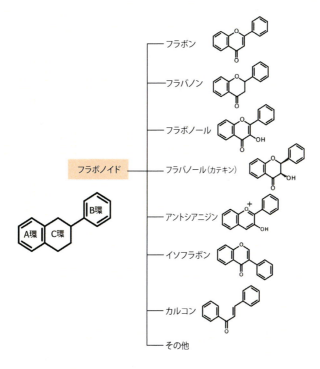

図2-16 各種フラボノイドと環の呼び名

フラボン類

【アピゲニン】

カモミールの花の黄色色素であり、パセリやセロリなど多くの植物に含まれている成分で、ポリフェノール特有の抗酸化効果のほかに、脳細胞の成長を促す作用があり、統合失調症の改善に利用できる可能性があることでも注目されています。配糖体アピインのアグリコンです。

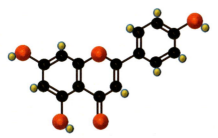

アピゲニン

化学式	$C_{15}H_{10}O_5$
分子量	270.24
CAS No	520-36-5

【ルテオリン】

B環に水酸基が2個付いたフラボンで、アピゲニンと同様に多くの植物に存在しています。抗炎症効果や抗アレルギー抗炎症効果が強いフラボノイドとして知られ、また抗うつ効果など、多彩な機能を持った化合物です。

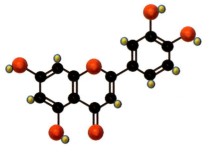

化学式	$C_{15}H_{10}O_6$
分子量	286.24
CAS No	491-70-3

ルテオリン

フラボノール類

【ケルセチン】

玉ねぎの皮に含まれる成分として知られている化合物で、各種野菜や果実など広範囲の植物に含まれています。活性酸素消去能が高く、LDLの酸化を防ぐ効果があることから動脈硬化の予防、コレステロール低下など、成人病関連に有効であるとして、サプリメントにも利用されています。

蕎麦などに含まれ、同じく成人病関連の改善効果のある**ルチン**はケルセチンのルチノース配糖体で、**クエルシトリン**はラムノース配糖体になります。

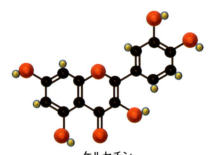

化学式	$C_{15}H_{10}O_7$
分子量	302.24
CAS No	117-39-5

ケルセチン

ケンフェロールも同じく玉ねぎや各種植物に含まれる、ケルセチンB環の水酸基が一つ少なくなった化合物で、ケルセチン同様の作用があります。

フラバノン類

【ナリンゲニン】

共に温州ミカンなど柑橘類の果皮や果肉などに含まれる成分で、配糖体はナリンギンと呼ばれる柑橘果皮の苦み成分であり、B環の水酸基が一つ増えた化合物であるヘスペリジンとともに抗酸化効果やその他生理活性効果が高い化合物で、ビタミンPと呼ばれます。

薬物代謝を促進するチトクロームP450の活性を阻害する効果があることも知られています。

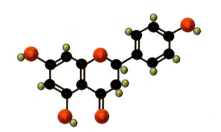

化学式	$C_{15}H_{12}O_5$
分子量	272.26
CAS No	480-41-1

ナリンゲニン

フラバノール（カテキン）類

【カテキン】

緑茶やウーロン茶などの茶類のポリフェノールとして知られていますが、その他多くの植物にも含まれる成分で、茶タンニンである**エピガロカテキンガレート（EGCG）**や、紅茶の赤い色素成分である**テアフラビン**などの基本ユニットでもあります。

強い抗酸化効果、LDLコレステロールの低下や脂肪燃焼効果などの多くの薬理効果があり、他のカテキン類とともに、各種茶類の生理活性作用に重要な役割をする成分です。

カテキン

化学式	$C_{15}H_{14}O_6$
分子量	290.27
CAS No	7295-85-4

イソフラボン類

【ダイゼイン】

 B環とC環を形成するフェニルプロパノイドのプロパン側鎖がイソプロピル基に変わりA環と結合したもので、エストラジオールと化学構造の類似性があることから、女性ホルモン様の作用を示し、PMSや骨粗しょう症改善などの効果があります。

ダイゼイン

化学式	$C_{15}H_{10}O_4$
分子量	254.24
CAS No	486-66-8

アントシアニジン類

【シアニジン】

ハーブや野菜などの紫色や青色を呈する水溶性色素で、B環の水酸基の数やメトキシ基の数などの違いによって色彩が異なります。多くは糖や糖鎖がついた配糖体で存在し、アントシアニジン配糖体はアントシアニンと呼ばれます。

抗酸化効果や眼精疲労回復などの効果があり、アントシアニンを多く含むブルーベリーやカシスなどの抽出エキスがサプリメントとして利用されています。

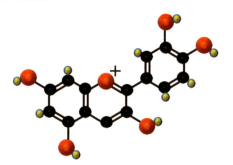

化学式	$C_{15}H_{11}O_6$
分子量	287.25
CAS No	13306-05-3

シアニジン

カルコン類

【フロレチン】

リンゴに含まれるポリフェノールで、グルコース配糖体であるフロリジンには、血中の糖濃度を下げる効果があります。

化学式	$C_{15}H_{14}O_5$
分子量	274.27
CAS No	60-82-2

フロレチン

（2）タンニン類

　タンパク質と結合し凝集させる収斂効果があり、その性質を利用して皮なめしに用いられることから、「しなやかにする」というドイツ語 Tannen が語源になっています。渋柿などの強い渋みを呈する成分として知られる、多数のフェノール性水酸基を持つ化合物で、強い抗酸化効果、収斂効果、消臭効果などがあります。
　タンニンには、その化学的性質によって、「加水分解型タンニン」と「縮合型タンニン」、「茶タンニン」などに分類されます。

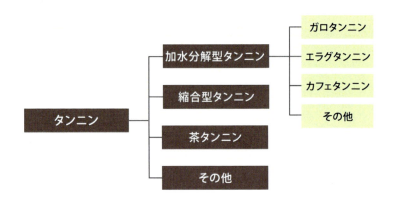

図2-17　タンニンの種類

加水分解型タンニン

　主としてグルコースに芳香族酸がエステル結合したもので、苛性ソーダなどの強アルカリや、生体ではリパーゼなどによって加水分解を受けます。
　没食子酸が結合したものを「ガロタンニン」、エラグ酸が結合したものを「エラグタンニン」、カフェ酸が結合したものを「カフェタンニン」と呼びます。

没食子酸　　　　　　エラグ酸　　　　　　カフェ酸

【ロズマリン酸】
　ローズマリーなど、シソ科植物に多く含まれることから、シソ科タンニンとも呼ばれ、抗酸化効果、血糖値上昇抑制、認知症予防などの効果があるとされています

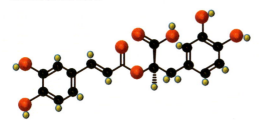

化学式	$C_{18}H_{16}O_8$
分子量	360.32
CAS No	20283-92-5

ロズマリン酸

縮合型タンニン

　カテキンが数分子炭素・炭素結合によって高分子化したもので、柿やタマリンドの渋味成分のように、褐色を呈し強い渋味を伴うのが特徴です。またシナモンに含まれ、血糖値上昇抑制効果のあるプロシアニジンC-1は、エピカテキンが3分子炭素-炭素結合した縮合型タンニンです。

【プロシアニジンＣ１】

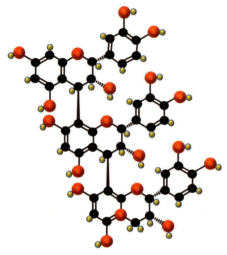

化学式	C_{45}H_{38}O_{18}
分子量	866.78
CAS No	37064–30–5

プロシアニジンC1

茶タンニン

　カテキンあるいはカテキン二量体に没食子酸がエステル結合した化合物で、緑茶、ウーロン茶、紅茶など茶類の渋味や着色成分として存在します。

【エピガロカテキンガレート】

　B環の水酸基に没食子酸がエステル結合した化合物で、強い渋味があり、抗酸化効果、脂肪燃焼効果、抗菌効果など、茶類が持つ機能性の代表的な化合物です。

化学式	C_{22}H_{18}O_{11}
分子量	458.38
CAS No	989–51–5

エピガロカテキンガレート

7 アルカロイド

各種アミノ酸を起点にして生合成され、分子内に含まれる含窒素官能基により塩基性を示し、強い薬理活性を特徴とする化合物で、植物では主に生体防御物質として存在しています。

また、スパイスの辛味や痺れの成分は、アミノ酸以外の化合物が起点となって生合成されるアルカロイドです。

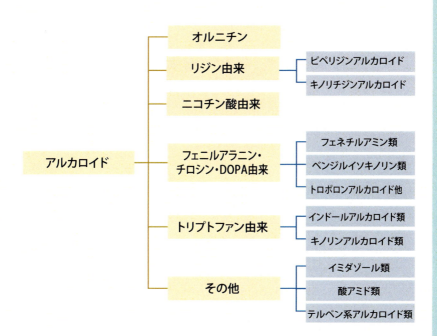

図2-18 アルカロイドの種類

1 オルニチン由来

オルニチンから生合成されるアルカロイドで、鎮痛剤や点眼薬などの医薬品「アトロピン硫酸塩」の原料となるヒヨスチアミンや、コカの葉に含まれ中枢神経興奮作用があるコカインなどがあります。

【コカイン】

化学式	$C_{17}H_{21}O_4$
分子量	303.46
CAS No	50-36-2

コカイン

② **リジン由来**

　リジンを出発原料とするアルカロイドで、駆虫剤として知られるペレチエリンなどのピペリジンアルカロイドと、末梢血管収縮作用のあるマトリンが含まれるキノリチジンアルカロイドの二種があります。

③ **ニコチン由来**

　タバコに含まれるニコチンや、東南アジアで嗜好品として利用されるビンロウの活性成分アレコリンなどの化合物があり、アスパラギン酸から誘導されるニコチン酸が起点になって合成される化合物です。

④ **フェニルアラニン・チロシン・DOPA 由来**

　シキミ酸経路で合成されるフェニルアラニン、チロシン、DOPA を起点にして生合成されるアルカロイドで、強い毒性を持ったものや、高い薬理効果を持ち、医薬品に利用されている化合物が多くあります。

フェネチルアミン類

【エフェドリン】

　葛根湯などの漢方薬に処方される麻黄の成分で、気管支拡張や血圧上昇などの薬理作用があります。エフェドリンと化学構造が似ているシネフリンは温州ミカンなどの柑橘類に含まれ、エフェドリン同様に気管支拡張効果などの作用を持っています。

化学式	C₁₀H₁₅NO
分子量	165.24
CAS No	134–72–5

エフェドリン

ベンジルイソキノリン類

【モルヒネ】

未熟なケシの実に傷をつけて、滲出する乳液を乾燥させた「アヘン」の主成分で、強力な鎮痛剤として働くことから医療分野で利用されていますが、習慣性があり禁断症状を引き起こすため、麻薬に指定されています。モルヒネのフェノール基がメチルエーテルになったコデインも同様の薬理活性がありますが、モルヒネに比べてその効果は低い。

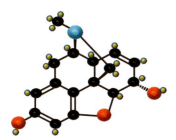

化学式	C₁₇H₁₉NO₃
分子量	285.34
CAS No	64–31–3

モルヒネ

5 トリプトファン由来

インドールアルカロイド

【レセルピン】

インドジャボクの成分として発見され、中枢神経などのノルアドレナリンを枯渇させることによる血圧降下や鎮静効果などがあり、かつては医薬品として使われていましたが、現在では使用されていません。

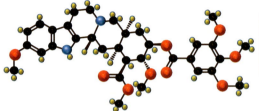

化学式	$C_{33}H_{42}N_2O_9$
分子量	606.69
CAS No	50–55–5

レセルピン

キノリンアルカロイド

【キニーネ】

アカネ科の樹木キナノキ樹皮に含まれる成分で、マラリア原虫の殺虫効果があることから特効薬として、また解熱鎮痛剤として使われてきました。

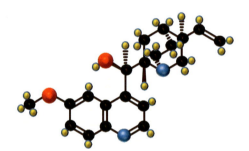

化学式	$C_{20}H_{24}N_2O_2$
分子量	324.42
CAS No	1407–83–6

キニーネ

6 その他のアルカロイド

イミダゾール類

【ピロカルピン】

ジャボランジの葉に含まれるアルカロイドで、唾液分泌や瞳孔拡大効果があり、ドライマウスや点眼剤として使われています。

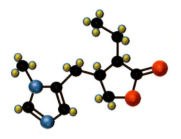

ピロカルピン

化学式	C$_{11}$H$_{16}$N$_2$O$_2$
分子量	208.26
CAS No	92-13-7

酸アミド類

【カプサイシン】

　唐辛子の辛み成分で、暑さを感じるホットな辛みが特徴です。脂肪燃焼効果や温熱効果があり、食だけでなく温感パップ剤など医薬品にも使われています。

　カプサイシンはバニロイド基を有したアルカロイドですが、胡椒の鋭い辛み成分であるピペリンは、メチレンジオキシ環であり、この化学構造の違いが辛みの性質の違いに関与しています。

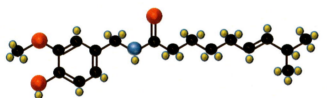

カプサイシン

化学式	C$_{18}$H$_{27}$NO$_3$
分子量	305.42
CAS No	92-13-7

【サンショオール】

　山椒や花椒の痺れ成分で、カプサイシンやピペリンはベンゼン環を有しているのに対し、サンショオールは鎖状アミドであるという違いがあり、この化学構造の違いが、辛みと痺れの感覚の違いにつながります。

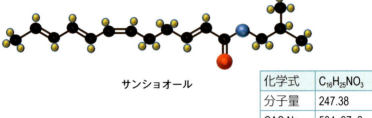

サンショオール

化学式	$C_{16}H_{25}NO_3$
分子量	247.38
CAS No	504-97-2

テルペン系アルカロイド

【ソラニン】

　ジャガイモの芽などに存在するトリテルペンアルカロイド配糖体で、食すると発熱や嘔吐を起こします。

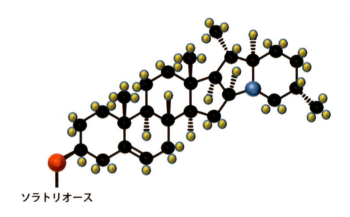

ソラトリオース

ソラニン

化学式	$C_{43}H_{75}NO_{15}$
分子量	868.07
CAS No	20562-02-1

8 核酸

　生命活動に必要な様々な成分を生合成するための遺伝子情報を形成する成分で、DNA と RNA があります。DNA はアデニンとグアニンの二種のプリン塩基およびシトシン、チミン、の二種のピリミジン塩基にデオキシリボースとリン酸が結合したもの（ヌクレオチド）が連結し、らせん構造を形成しています。RNA の塩基はアデニン、グアニン、シトシン、ウラシルであり、これにリボースとリン酸が結合し連結したものです。

　プリン塩基にはココアやコーヒーなどに含まれ、覚醒作用のあるカフェイン、テオフィリン、テオブロミンも含まれます。

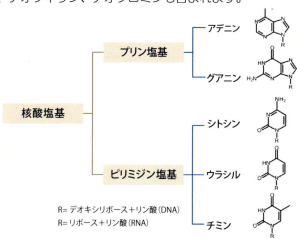

R= デオキシリボース＋リン酸（DNA）
R= リボース＋リン酸（RNA）

図 2-19　核酸塩基

【カフェイン】

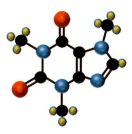

カフェイン

第3章　植物成分の抽出

　植物から成分を抽出するというと難しいことのように思えますが、リラックスタイムや気分転換したいときに飲んでいるハーブティー、ハーブをウオッカに漬けたチンキ剤、カレンデュラをオイルに漬けたインフュージョンオイルを作るなど、いつも行っているものはどれも抽出で、こうして作った抽出液を、手作りコスメやドリンクなど、様々な用途に利用しています。

　私たちはどのハーブにはどの抽出法が良いのかを経験的に選択して抽出していますが、熱水または水で抽出するハーブティー、アルコールで抽出するチンキ、オイルで抽出するインフュージョンオイルなど、使用する溶媒それぞれで異なる植物成分が抽出され、またチンキの場合では、アルコール濃度の違いにより、抽出される成分が異なることを知ることが大切です。

　そこでこの章では、植物から成分を抽出する場合に、植物に含まれている個々の成分あるいは成分群を効率的に抽出するために、どの溶剤を選択するのが良いのかについて、植物成分の性質と抽出溶媒の性質を対比しながら解説します。

> **注意**：設備の整った大学や企業の研究室では、アセトン、ジエチルエーテル、ヘキサン、酢酸エチル、クロロホルムなどの有機溶剤を使うことができますが、個人レベルでこのような溶剤を使用することは、火災や健康に与える影響などの問題があるため、本書では、個人で使用しても危険性の少ない、水、エタノール、、プロピレングリコール（PG）、植物油、鉱物油（流動パラフィン）、グリセリンなどに限定した解説になります。

1　抽出について

　抽出には植物から水や有機溶剤などを使い、植物成分を溶剤に溶かして取り出す「化学的抽出法」、と圧力や水蒸気のエネルギーを使って植物成分を取り出す「物理的抽出法」があります。

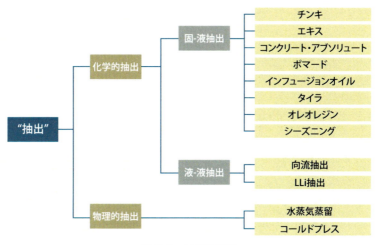

図 3-1　抽出法各種

（1）化学的抽出法

固 − 液抽出

ハーブやスパイスなどの植物「固体」から、水や有機溶剤などの「液体」を使って抽出する方法。

【チンキ】
ウオッカ、あるいは任意の濃度に調整したアルコール、無水アルコールなどを使い、乾燥またはフレッシュな植物を浸漬（浸すこと）して、植物成分を抽出する、植物成分のアルコール溶液です。

【エキス】
エキスと呼ばれるものには二種類あり、一つは植物を熱水または水によって抽出したもので、ハーブティーはハーブエキスになります。
また、チンキのアルコール分と水分を蒸留によって除いて、残った液体または固形物もエキスになります。

【コンクリート・アブソリュート】

主として花から香り成分を抽出する方法です。

花をヘキサンなどの炭化水素系有機溶剤に浸漬し、花を取り除いて得たヘキサン溶液から、ヘキサンを蒸留して除いたものが「コンクリート」になります。コンクリートは、花由来のパラフィン成分（ステアロプテン）を多く含み、アルコールへの溶解性が低いため、コンクリートにエタノールを加え、ワックスを沈殿させて取り除き、得られたエタノール溶液からエタノールを蒸留して除いた残りが、油状の「アブソリュート」になります。

コンクリート・アブソリュートには香り成分以外の成分も含まれますが、水蒸気蒸留に比べて香りの質が良くナチュラル感が高いというメリットがあることから、花だけでなくハーブ類のアブソリュートも作られ、香料用用として利用されています。

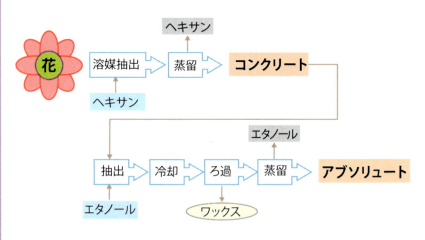

図3-2　コンクリート・アブソリュート抽出法

【インフュージョン】

● ポマード

精製して無臭化した牛脂や豚脂の上に花を置き、花の香りを脂に移す方法で、以前は香り素材として商品化されていましたが、長時間かかること、香りが弱いことなどの理由から、商業目的で行われていることはな

く、香り愛好家の間で季節の花の香りを取るなどで楽しまれています。自然の花の優しい香りが得られる良さがあり、室温で香りを移すアンフルラージュ（冷浸法）と加熱して移すマセレーション（温浸法）があります。

図3-3　ポマードの作り方イメージ

● **インフュージョンオイル**

植物を植物油に入れ、成分を抽出する方法で、カレンデュラやキャロットなどの脂溶性成分を利用する目的で行われます。長時間を要するため、油脂の変質などの問題がありますが、日光から遮断し冷暗所に保管するなど、適正な抽出を行うことで安定したインフュージョンオイルを得ることができます。

長時間かかること、抽出効率が低いという欠点はありますが、植物から脂溶性成分を抽出する手段としてふさわしい方法です。

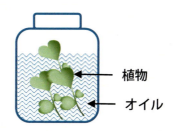

図3-4　インフュージョンオイルの作り方イメージ

● **タイラ**

アーユルヴェーダでトリートメントオイルなどに使うことを目的として、植物成分を油脂（タイラはゴマ油）に抽出する方法です。
ゴマ油にハーブを入れ100℃以上に加熱すると、水分が蒸発して抜け、

植物成分が油に抽出されます。十分抽出されたら冷却して植物を取り除き、微粉末をろ過して取り除いたものがアーユルヴェーダトリートメントに使われます。

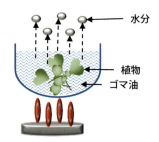

図3-5　タイラの作り方イメージ

● **オレオレジン**

主としてスパイスの抽出に用いられる方法で、香りと辛味を含めた成分を抽出したもので、Oleo（油）Resin（樹脂）を意味する造語です。
粉砕したスパイスを有機溶剤に浸し、緩やかに加熱して成分を抽出します。スパイスを取り除いた残りの抽出液を減圧蒸留によって溶剤を除いた、油状またはペースト状のものです。

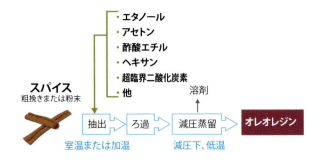

図3-6　オレオレジンの作り方イメージ

● **シーズニング**

ガーリックやハーブなどの香味素材をオイルに浸し、室温で長時間、あるいは加熱して短時間で、香り成分と脂溶性成分をオイルに移したもの

で、主として調理素材として使われます。
インフュージョンではオイルが使われますが、シーズニングの場合はバター類も使うことがあります。

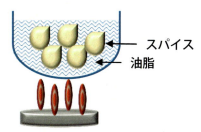

図3-7　シーズニングオイルの作り方イメージ

液－液抽出

互いに交じり合わない液体同士を強制的に混合し、一方の液体に含まれる成分で、もう一方の液体に溶けやすいものを抽出する方法です。

● 向流抽出

植物から抽出した溶媒（A液）と、互いに交じり合わない溶媒（B液）を機械的に混合し、A液中に溶解している成分でB液に溶解しやすいものをB液で抽出する方法です。

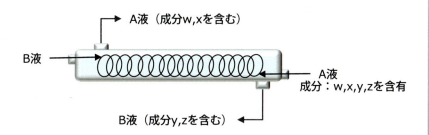

図3-8　向流抽出のイメージ

● LLi 抽出

LLi 抽出は著者が考案した抽出技術で、植物のオイルに溶けやすい成分を迅速に抽出する方法で、インフュージョンオイルを作るときの弱点である、抽出速度が遅い、抽出効率が悪いなどを改良し、短時間で効率よく抽出することができます。

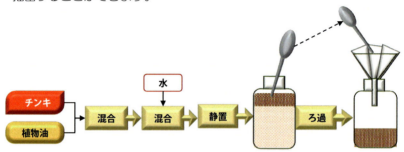

図 3-9　LLi 抽出のイメージ

LLi とは、**L**iquid-**L**iquid **I**nfusion の頭文字をとったもので、向流抽出の原理をマニュアルで操作できるよう応用した方法で、以下のようなプロセスで行います。

① 乾燥ハーブやスパイスなどの植物原料から、無水エタノールを使って抽出したチンキを作ります。
② チンキに植物油を加え、振り混ぜることで、脂溶性成分が植物油に移行します。
③ チンキには、まだ脂溶性成分が残っているため、水を加えてそれらを不溶化して、植物油に移行させます。
④ 植物油を分離し、ろ過することで透明な LLi オイルが出来上がります。

（2）物理的抽出法[*]

● 水蒸気蒸留

水蒸気と精油成分の蒸気圧の比、および分子量の比によって植物から香り成分（精油）を得る方法で、植物油などから香り成分を取り除き無臭化する工程でもこの方法が使われます。

● コールドプレス

主として柑橘類を圧搾し精油を得る方法ですが、オイル分の多い果実などから植物油を抽出することにも使われます。

---

[*]　物理的抽出法に関しては、著書『ビジュアルガイド 精油の化学』(2012年)に詳細に記載されていますので、そちらを参照してください。

2 溶質と溶媒

抽出される植物成分を「溶質」、抽出する液体を「溶媒」と呼びます。
効率的な抽出を行うためには、植物成分と抽出溶媒の適性、温度と時間、植物の形状などの要素がポイントになります。そこで、以下にこれらの要素について詳細に解説します。

(1) 植物成分と溶剤の適性

植物成分（溶質）には、水に溶けやすい性質を持つ「極性物質」と、オイルに溶けやすい性質の「非極性物質」があります。また、抽出する溶剤にも、水に近い性質を持つ「極性溶媒」と、その対極でオイルに溶けやすい性質を持つ「非極性溶媒」があります。

抽出したい植物成分または成分群が、水に溶けやすい性質を持つ「極性物質」には、「極性溶媒」を使うこと、逆にオイルに溶けやすい性質を持つ「非極性物質」には「非極性溶媒」を使うことが原則で、極性物質を非極性溶媒で抽出、あるいはその逆では効率の良い抽出ができません。

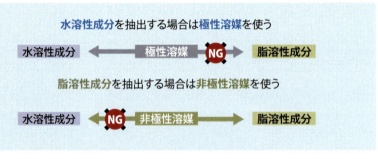

図 3-10　植物成分と抽出溶媒選択のイメージ

極性物質・非極性物質

極性分子は、それぞれ結合する原子の間に電荷の隔たりが生じたもので、代表的な極性物質は水です。これに対し非極性物質は、電荷の隔たりが生じないもので、炭化水素化合物は非極性物質になります。

水に溶けない非極性物質は、水の電荷から反発を受けるのを防ぐため、凝集して水と分離しますが、極性物質は反発を受けないために水と自由に交じり合います。このように、水に溶けやすい性質を持つ極性が高い化合物は「親水性物質」であり、水に溶けない非極性の性質を持つ化合物は「疎水性物質」となります。

　植物には多種の成分があり、それぞれがどの程度の極性があるのかを一律に推定することは困難です。そこで、非極性の性質を持つ炭素–炭素結合の数と、電荷の隔たりを生ずる官能基の数を対比することによって、極性が高いか低いかをイメージすることとしました。

　炭素数が少なく、官能基が多い化合物は高い極性を持つ親水性物質であり、逆に、炭素数が多く、官能基の少ない化合物は低い極性で疎水性であるというイメージです。

　ただし、これは傾向を示したイメージであり、植物成分の中には、かならずしもこの傾向に沿わないものもあります。

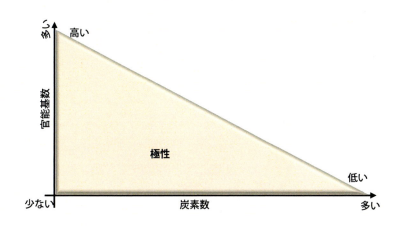

図3-11　炭素数と官能基数の対比による極性のイメージ

極性溶媒・非極性溶媒

抽出に使う溶媒も、同じく極性の高いものと非極性の性質を持つものがあります。

極性溶媒は、酸素原子に結合した水素原子を持ち、これが水素供与体となって水に限りなく近い性質を持つもので、水、エタノール、グリセリン、プロピレングリコールなどがあります。

非極性溶媒は、水素結合が可能な水素原子を持たない、あるいは少ない溶剤で、植物油や鉱物油がこれにあたります。

表3-1　各種溶媒の水に対する比極性

溶剤	相対値*
鉱物油	0.00
植物油	0.10
エタノール	0.65
70%－エタノール（消毒用）	0.76
40%－エタノール（ウォッカ）	0.86
プロピレングリコール	0.79
グリセリン	0.81
水	1.00

＊相対値＝水に対する相対極性値
・70%、40%エタノールは計算値
・植物油はイメージ
・プロピレングリコールはエチレングリコールの値を使用
出典：https://sites.google.com/site/miller00828/in/solvent-polarity-table

抽出溶媒選択のポイント

【極性物質と非極性物質の適性抽出溶媒のイメージ】

植物から成分または成分群を抽出するにあたり、どのような溶媒を選択すればよいかについては、基本原則として、極性物質を取り出すには極性溶媒を、非極性物質を取り出すには非極性溶媒を選択することは前述しましたが、この関係をビジュアル的に理解していただくために、右図を作成しました。

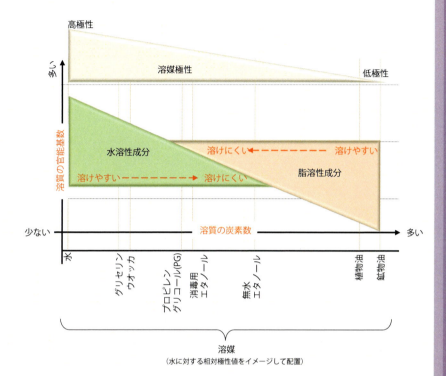

図 3-12　炭素数と官能基数の対比による極性のイメージ

　各種溶媒の配置は、水に対する比極性値に沿ってイメージしたものです。

　温度が高くなるに従って抽出効率は上がります。水溶性成分を抽出する場合抽出効率が最も高いのは熱水であり、抽出温度の低下、あるいは溶媒極性が下がるにしたがって、抽出効率が低下します。ただし、熱に不安定な植物成分もあるので、必ずしも熱水が最良ということではありません。

　脂溶性成分に関しては、一般論として、無極性溶媒の鉱物油が最適で、極性が高くなるにしたがって、溶けにくくなる傾向にあります。

【溶媒の粘性】

抽出溶媒を選択するのに必要なもう一つの要素に「粘性」があります。粘性が高い溶媒は植物組織への浸透が遅く、抽出に時間がかかります。対照的に、粘性の低い溶媒は浸透性が高いため、植物組織の中心部までの到達時間が早く、短時間で抽出することができます。

表3-2 抽出溶媒の粘性と抽出速度

溶媒	粘度 (mPa·s)	抽出速度
水	1.00	早
グリセリン	1412	極遅
プロピレングリコール（PG）	565	遅
ウォッカ（40%）	2.8	早
消毒用アルコール（70%）	2.2	早
無水エタノール	1.20	早
植物油	95	遅
ロウ（ホホバ油）	46	遅
ベビーオイル（流動パラフィン）	50	遅

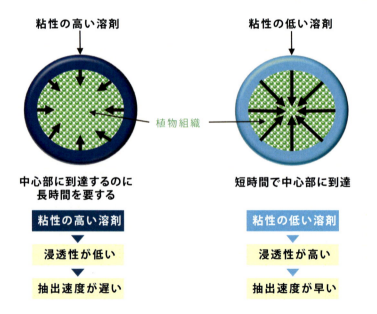

図3-13 抽出溶媒の粘性と植物組織への浸透速度イメージ

また、粘性の高い溶媒は成分を溶解するのに時間がかかるため、長時間をかけても成分を十分に抽出できないということもあります。
　このことから、共に粘性が高い非極性溶媒の植物油や鉱物油に溶ける成分を抽出するには、粘性の低いエタノールで抽出し、脂溶性成分を植物油に移行させると、迅速に抽出することができます。
　LLi 抽出法は、この原理を応用したものです。

【抽出溶媒の量について】
　植物中に含まれる成分で、極性溶媒と非極性溶媒で抽出できる成分は、それぞれ 10%程度です（植物によって異なります）。
　抽出に必要な溶媒の量については特にルールはありません。使った溶媒が植物に保持されて回収できない量があること、それぞれの成分はある溶媒にどれくらい溶けるかの限界値（溶解度）があることを考慮し、溶剤の回収率と、植物成分の抽出量を増やすという目的では多めに使うことになりますが、この場合植物成分は希薄になります。
　溶媒の量は、植物成分濃度が高い溶液を求めるのか、薄くて良いのか、どちらを求めるのかによってよって判断することになります。

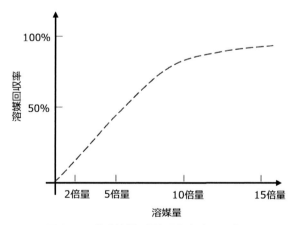

図 3-14　抽出溶媒の量と回収率イメージ

植物素材の形態について

【植物素材の大きさ】

　抽出に供する植物素材は、粒子が大きいと、溶剤が植物組織に浸透していくのに時間がかかることで抽出効率が下がるため、ミルを用いて可能な限り小さく粉砕することがポイントです。

　微粒子にすることで時間がより短縮されますが、過度に小さくすると、抽出後に植物素材を取り除くためのろ過操作に時間がかかるなどの不都合が起きるため、適度に小さくするようにします。

〈植物素材の乾燥〉

　非極性溶媒を使って植物素材から非極性成分を抽出する場合、フレッシュな植物は水分を多く含んでいて、それが溶媒の浸透を妨げます。そのため、植物素材は乾燥によって水分を極力除いておくことが大切です。

　逆に、油分の多い植物から水溶性成分を抽出する場合には、油分が水の浸透を妨げるため、あらかじめ油分を除いておく必要があります。

抽出のキーワード　👈

- ● 極性物質を抽出するには、極性溶媒を使用し、非極性物質を抽出するには、非極性溶媒を用いる

- ● 短時間で抽出したい場合には、植物素材を細かく粉砕し、粘性の低い溶媒で抽出する。

- ● 溶媒の量は多めに使う

（2）植物成分の溶解性の推測

　植物成分それぞれについて、水や有機溶剤に対する溶解性のデータがあるものの、それらは限定的で、各種溶媒にどの程度溶解するかに関するデータは、よく利用されるエタノールにおいてさえも情報がきわめて少なく、他の溶媒では皆無に等しい数となります。

溶解性推定の具体的手法

　ある植物成分が水に溶けやすい性質を持っているのか、油に溶けやすい性質を持っているかを判定することにより適正な溶媒を選択し、それを抽出溶媒として使うことは、その成分を最も効率よく抽出することにつながります。しかし、前述のように、溶けやすい溶けにくいについてのデータが不足していることから、各々の成分について各種溶媒に対する溶解度データを探し出すことは現実的には不可能です。そこで、抽出溶媒選択のポイントとなる、植物成分それぞれの溶解性を推定するために、炭素数に対する官能基の種類とその数を対比させるという手法をとることにしました。

〈炭素数の違いと水への溶解性の関係〉

1 炭素数と水に対する溶解性の推定

炭素数 4 から 10 までの n–パラフィンについて、それぞれの水に対する溶解度（ppm）を調べた値（The PubChem Project から引用）をプロットして検量線作成を行った結果、対数的に直線性が得られたので、この検量線に炭素数を代入することで直鎖上炭化水素各種の、炭素数に応じた水への溶解度を推定しました。

表3-3　n–パラフィン類の水への溶解度

炭素数	水への溶解度
C4	61 ppm
C5	38 ppm
C6	10 ppm
C7	3 ppm
C8	0.7 ppm
C9	0.2 ppm
C10	0.05 ppm

出典：PubChem Project

2 官能基と溶解性

二重結合、環状構造、ベンゼン環および各種官能基の水に対する溶解度の比較は、ヘキサンを基準にして、炭素数 6 で各種官能基を持つ化合物の水への溶解度を比較し、その倍率を乗じて、分子構造や官能基の違いによる溶解度算出の基準としました。

計算式を Excel ワークシートに作成し、自動計算システムで溶解性を計算しましたが、計算の詳細については、複雑になるので省略します。

表 3-4　C6 化合物の水に対する溶解度

成分名	溶解度 ppm	係数
ヘキサン	10 ppm	―
2-メチルペンタン	14 ppm	1.4
ヘキセン	50 ppm	5.0
ヘキサジエン	75 ppm	7.5
シクロヘキサン	55 ppm	5.5
シクロヘキセン	213 ppm	21.3
ベンゼン	1,800 ppm	180.0
シクロヘキサノン	25,000 ppm	2,500.0
シクロヘキサノール	42,000 ppm	4,200.0
ヘキシルアミン	20,000 ppm	2,000.0
シクロヘキシルアミン	64,000 ppm	6,400.0
エチルブチルアミド	89,139 ppm	8,913.9
ヘキサン酸	10,300 ppm	1,030.0
2-ヘキサノン	17,500 ppm	1,750.0
フェノール	83,000 ppm	8,300.0
ジプロピルエーテル	5,500 ppm	550.0
ヘキサナール	6,000 ppm	600.0
ヘキサノール	5,900 ppm	590.0
δ-ヘキサラクトン	11,000 ppm	1,100.0
2-ヘキサノール	12,000 ppm	1,200.0
シス-3-ヘキセノール	16,000 ppm	1,600.0
シス-3-ヘキセナール	17,000 ppm	1,700.0
トランス-2-ヘキセノール	14,000 ppm	1,400.0
酢酸ブチル	14,000 ppm	1,400.0

出典：PubChem Project

3 計算値に基づく各種成分の溶解性分類

　各炭素数における溶解度を基準に、二重結合、環状、官能基などの係数に個数を乗じて、それぞれ植物成分の水に対する溶解度を算出し、その溶解度の違いに応じて、8クラスに分類しました。

　それぞれに含まれる主な化合物を下記表に示します。

　この結果に基づいて、各種化合物の水に対する溶解性をイメージしたものを図3-15にまとめたので参照してください。それぞれの溶媒に対する各化合物の溶解性を示した資料がないので、想定にはなりますが、目的とする植物成分や成分群を抽出するときに、どのような溶媒を選択するのが良いかの指標として使うことができます。

表 3-5　水に対する溶解性とグループ

溶解性グループ	溶解計算値	成分
A	100g/L 以上	単糖類、二糖類、アミノ酸、低級脂肪酸、プリン体
B	10-99g/L	フラボノイド配糖体、フェニルプロパノイド、アミノ酸
C	1-9.9g/L	フラボノイド、アルカロイド、アミノ酸
D	100-999mg/L	タンニン、リグナン、中鎖脂肪酸
E	10-99mg/L	アルカロイド、茶タンニン、ネオリグナン、ジテルペン
F	1-9.9mg/L	長鎖脂肪酸、アルカロイド、リグナン、ジテルペン
G	0.1-0.99mg/L	ジテルペン、ポリケチド
H	0.01mg/L 以下	トリテルペン、カロテン、アルカロイド、油脂

表 3-6　各グループに含まれる主な化合物

グループ	主な化合物
A	アスコルビン酸、カフェイン、リジン、テアニン、酢酸
B	チロシン、ルチン、ナリンギン、スコポレチン、フェルラ酸
C	エフェドリン、ケルセチン、ルテオリン、カテキン、アピゲニン
D	ベルガプテン、アークチイン、ラウリン酸、ロズマリン酸
E	サンショオール、モルヒネ、カプサイシン、カルノソール、EGCG
F	パルミチン酸、オレイン酸、キニーネ
G	セサミン、アビエチン酸、レチノール、イソフィトール
H	ウルソル酸、オレアノール酸、アスタキサンチン、β – クリプトキサンチン

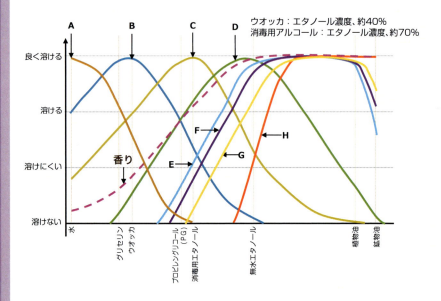

図 3-15　各成分の溶解性グループ

【図の見方】
① 水または熱水で抽出すると、グループAを主体に、**ウオッカ**（40%エタノール）に溶けやすいB、少量の**消毒用エタノール**（70%）に溶けやすいCが抽出できます。また、微量の香り成分も得られます。
② ウオッカで抽出すると、グループBを中心に、A・C、そして微量のDが抽出され、香りも強くなります。
③ 消毒用エタノールではグループCが中心となり、少量のB・D・E・Fが抽出され、Aは抽出されません。香りは十分に抽出されます。
④ **無水エタノール**では、グループD・E・F・Gが効率よく抽出され、C・Hも抽出されますが、Bは微量になります。**香り**は良く溶けます。
⑤ **植物油**には、グループE・F・G・Hが良く溶け、Dは溶けにくくなり、香りは良く溶けます。
⑥ **鉱物油**には、グループF・G・Hを良く抽出し、Eの溶解性は低くなり、香りは良く溶けます。

第4章　植物成分の抽出　各論

　この章では、植物から各種成分を目的別に効率よく抽出するための情報として、それぞれの植物について、その化学成分と適切な溶媒選択について解説します。

表と図から適正溶媒を選択する手順 ➡

① 表中に各成分の効果と溶解性グループが記載されています。
② 抽出をしたい成分のグループを選びます。
③ グループの溶解性曲線とコメントを参照して、最も効率の良い溶媒を選択します。

注意：（抽出にあたって） 使用する溶媒は、水以外は引火性液体ですので、使用にあたっては「火気厳禁」を守ってください。エタノールは揮発性ですので、使用にあたって換気を十分に行ってください。
（抽出物の使用にあたって） 本章は、植物に含まれる各成分と、それらを抽出するときの適正溶媒選択のガイドラインを解説するものです。抽出により製剤化したものに関する用途についての記載がありますが、使用にあたっては、以下の要件を遵守してください。

- 本章の記述は、植物成分の抽出方法についての解説で、安全性の保障をするものではありません。

- 化粧品に関しては、個人で使用される場合、パッチテストを行うなど、それぞれの体質に合わせて安全に使用してください。

- 飲食用に関しては、安全性に注意し、過度な摂取をしないこと、また異常が出たときには使用を中止するなど、適正な処置をしてください。

- 化粧品、食品共に異常が出た場合には、速やかに医師の診断を受けてください。

- 商品化する場合には、それぞれ関係法令を遵守して行ってください。また、商品化した場合の製造物責任は製造者に帰属します。

1 イチョウ

学名：*Ginkgo biloba*　イチョウ科

　イチョウの特徴であるギンコライドをターゲットにするのであれば無水エタノールを選択し、ポリフェノールならば、ウオッカを使用します。紅葉したイチョウの葉にはカロテン類が多く含まれるので、無水エタノールでチンキを作り、LLi 抽出するとカロテン、ギンコライド、ステロールが得られます。

抽出溶媒の選択

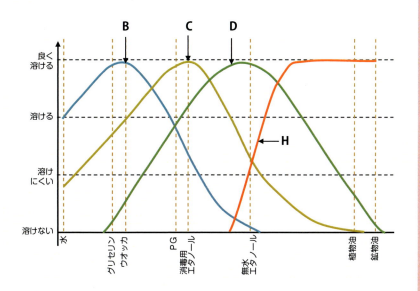

主な成分、作用、溶解性グループ

含有成分	作用	グループ
ルチン	抗酸化、抗炎症、認知症予防	B
ケルセチン	抗酸化、抗炎症、血糖値上昇抑制	C
ケンフェロール	抗酸化、脂肪燃焼	C
ギンコライド	抗酸化、抗血栓、血管拡張	D
β-シトステロール	保湿、コレステロール低下、ヘアケア	H

2 ウコン（ターメリック）

学名：*Curcuma longa* 　ショウガ科

　カレーなどのスパイス素材として使われるウコンの活性成分は、肝臓保護などの様々な生理活性効果を持つ黄色色素クルクミンが主体になります。無水エタノールを選択し抽出すると、ウコンの有効成分が得られ、コスメや染料などとして利用できますが、衣服につくと取れにくいので注意が必要です。

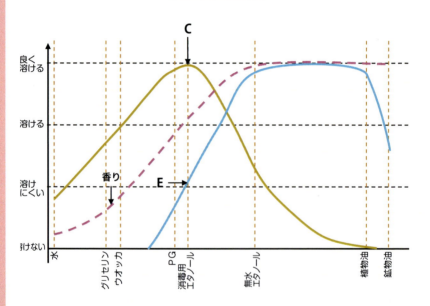

抽出溶媒の選択

主な成分、作用、溶解性グループ

含有成分	作用	グループ
アピゲニン	抗酸化、抗炎症、抗ウイルス	C
クルクミン	抗酸化、認知症予防、抗炎症、発がん抑制	E
香り成分		

3 エキナセア

学名：*Echinacea purpurea* キク科

　クロロゲン酸やエキナコシドなど、全体として極性の高いポリフェノール類がターゲットになり、水、ウオッカ、消毒用エタノールなどの溶媒で抽出すると、有効成分が効率よく得られます。

抽出溶媒の選択

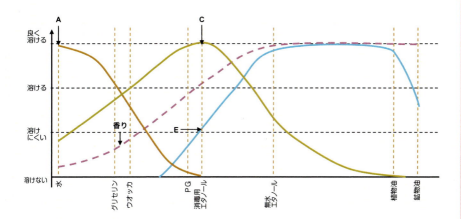

主な成分、作用、溶解性グループ

含有成分	作用	グループ
カフェ酸	抗酸化、発がん抑制	A
クロロゲン酸	抗酸化、スリミング、糖質吸収阻害、抗老化	A
エキナコシド	抗酸化、血管拡張	C
サイナリン	肝機能向上、コレステロール低下	C
エキナセイン	唾液分泌、抗菌	E
香り成分		

4 エルダーフラワー

学名 : *nigra* L.　スイカズラ科

　ケルセチンやケンフェロールなどのポリフェノールがターゲットとなり、これらの成分は比較的極性が高いことから、水、ウオッカ、消毒用エタノールを使って抽出すると効果的。

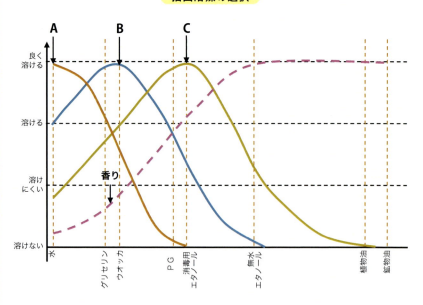

抽出溶媒の選択

主な成分、作用、溶解性グループ

含有成分	作用	グループ
クロロゲン酸	抗酸化、スリミング、糖質吸収阻害、抗老化	A
ケルセチン-3-O-グルコシド	抗酸化、抗炎症	B
ケルセチン	抗酸化、抗炎症、血糖値上昇抑制	C
ケンフェロール	抗酸化、脂肪燃焼	C
香り成分		

5 オレンジピール

学名：*Citrus aurantium*　ミカン科

　極性の高い成分が多く、ハーブティーにはそれらの成分が溶解してきます。有効成分を効率よく抽出するには、水、ウオッカ、消毒用エタノールが適しています。

抽出溶媒の選択

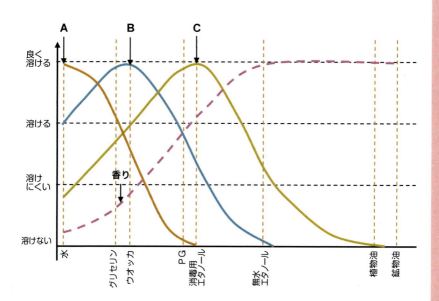

主な成分、作用、溶解性グループ

含有成分	作用	グループ
アスコルビン酸	抗酸化、メラニン生成抑制、疲労回復、抗アレルギー	A
ナリンギン	抗酸化、食欲抑制、高コレステロール抑制	B
ヘスペリジン	血流改善、高脂血症改善、血圧上昇抑制	B
シネフリン	気管支拡張、脂肪燃焼	B
ナリンゲニン	抗酸化、食欲抑制、高コレステロール抑制	C
香り成分		

6 カモミール・ジャーマン

学名：*Matricaria recutita*　キク科

　カモミールの抗炎症効果に関与する成分として重要なα–ビサボロールを得るのであれば、無水エタノールや植物油を選択します。これらの溶媒では、同じく抗炎症成分であるビサボロールオキサイドA&Bも併せて抽出されます。ポリフェノール類はハーブティーでも抽出されますが、効率よく抽出するためにはウオッカを選択。

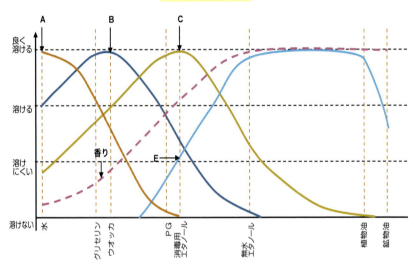

主な成分、作用、溶解性グループ

含有成分	作用	グループ
エスクレチン	抗酸化、紫外線吸収	A
ウンベリフェロン	抗酸化、紫外線吸収	B
アピゲニン	抗酸化、抗炎症、抗ウイルス	C
ルテオリン	抗酸化、抗炎症、抗ウイルス	C
α–ビサボロール	抗炎症、気管支平滑筋緊張緩和、健胃	E
香り成分		

7 カレンデュラ

学名：*Calendula officinalis* キク科

　カレンデュラは、鮮やかな赤やオレンジの色彩を持ち、スキンケア効果が高いカロテン類がターゲットになるので、植物油でインフュージョンする方法、あるいは無水エタノールでチンキを作り、LLi抽出で色素成分を得る方法があります。ポリフェノール類は比較的水に溶けやすい成分ですので、ハーブティーに溶解していますが、カロテンは溶解しません。

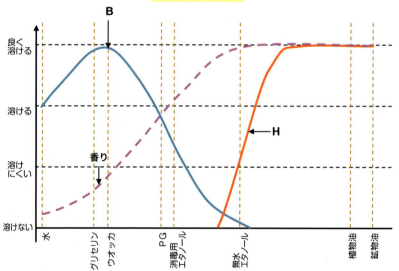

主な成分、作用、溶解性グループ

含有成分	作用	グループ
ケルセチン-3-O-グルコシド	抗酸化、抗炎症	B
スコポレチン	血管拡張、抗酸化、血流改善	B
β-シトステロール	保湿、コレステロール低下、ヘアケア	H
β-クリプトキサンチン	抗酸化、紫外線吸収、ヒアルロン酸合成促進	H
リコピン	抗酸化、抗チロシナーゼ、紫外線吸収	H
β-カロテン	抗酸化、光老化抑制、紫外線吸収、ヒアルロン酸産生	H
ルテイン	抗酸化、紫外線吸収、眼精疲労回復、抗炎症	H
香り成分		

8 クロモジ

学名：*Lindera umbellata*　クスノキ科

　クロモジは、主に精油を得る目的で使われますが、各種フラボノイド類や、脂溶性で美白効果のあるリンデロールが含まれます。水蒸気蒸留した残渣を乾燥し、無水エタノールまたは植物油で抽出することで、美白成分が得られます。また、ハーブティーにはポリフェノール類が溶解していますが、これらをさらに効率よく得るためには、アルコール濃度の高い溶媒が適しています。

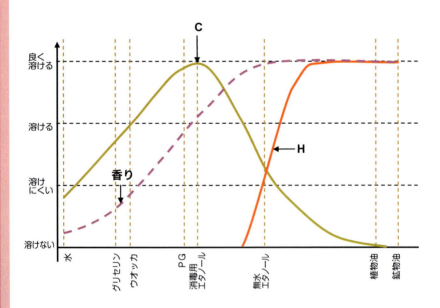

抽出溶媒の選択

主な成分、作用、溶解性グループ

含有成分	作用	グループ
フラボノイド	抗酸化、抗炎症	C
リンデロール	美白	H
香り成分		

9 ゲットウ（月桃）

学名：*Alpinia zerumbet*　ショウガ科

　月桃も精油を得る目的で水蒸気蒸留される植物です。機能性の高いポリフェノールやテルペン類が含まれているので、ポリフェノールをターゲットにする場合にはウオッカなど、テルペン成分を目的とするのであれば無水エタノールや植物油が適しています。

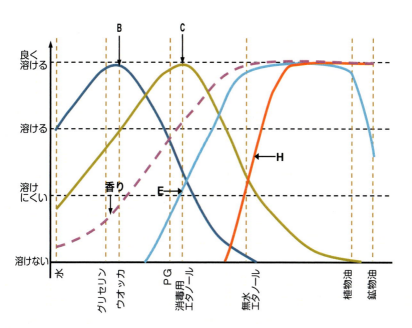

抽出溶媒の選択

主な成分、作用、溶解性グループ

含有成分	作用	グループ
ルチン	抗酸化、抗炎症、認知症予防	B
ケルセチン	抗酸化、抗炎症、血糖値上昇抑制	C
5,6-ジヒドロカワエン	抗酸化、美白	E
ラブダジエン	美白、抗糖化	H
香り成分		

10 ゴツコラ（ツボクサ）

学名：*Centella asiatica* セリ科

　ハーブティーにはポリフェノール類が含まれますが、効率よくそれらを取り出す場合にはウオッカやプロピレングリコールが適しています。トリテルペンのアジアチン酸とその配糖体のアジアティコシドは、植物油でインフュージョン、あるいはエタノールチンキを作成して LLi 抽出します。

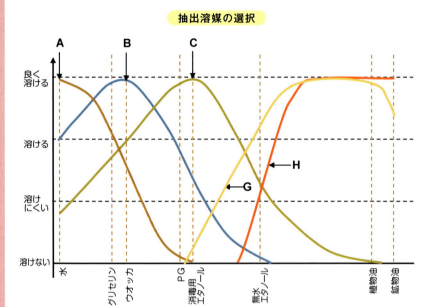

抽出溶媒の選択

主な成分、作用、溶解性グループ

含有成分	作用	グループ
クロロゲン酸	抗酸化、スリミング、糖質吸収阻害、抗老化	A
ルチン	抗酸化、抗炎症、認知症予防	B
ケンフェロール	抗酸化、脂肪燃焼	C
アジアティコシド	認知症予防、傷口修復効果、血管拡張	G
アジアチン酸	抗酸化、抗炎症、認知症予防	H

11 ゴボウ

学名：*Arctium lappa* キク科

アークチインやラッパノールなどは無水エタノールが適しています。またカフェ酸とクロロゲン酸などのフェニルプロパノイド類は水に対する溶解性が高いので、ハーブティーに抽出されています。

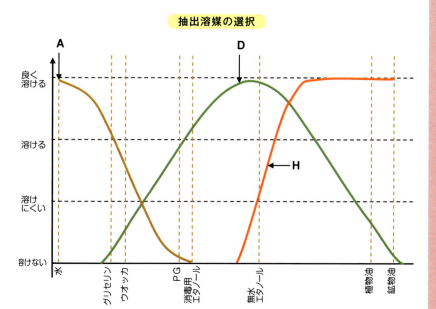

抽出溶媒の選択

主な成分、作用、溶解性グループ

含有成分	作用	グループ
カフェ酸	抗酸化、発がん抑制	A
クロロゲン酸	抗酸化、スリミング、糖質吸収阻害、抗老化	A
アークチイン	血管拡張、解毒、抗炎症	D
ラッパノール	抗腫瘍、収斂	H

12 ゴマ

学名：*Sesamum indicum* 　ゴマ科

　特有成分であるセサミンとセサモリンがターゲットで、これらは無水エタノールで抽出しLLi抽出によって植物油に移行できます。機能性を高めたオイルとして、コスメなどに利用すると効果的です。無水エタノールは油脂成分をあまり溶かさないため、LLi抽出法でこれらを抽出すると、植物油中にゴマ由来の油分が少なくなります。

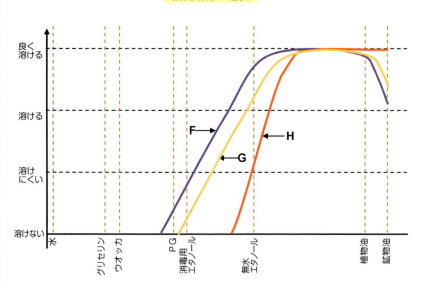

主な成分、作用、溶解性グループ

含有成分	作用	グループ
セサモリン	抗酸化、NK細胞活性化、抗炎症	F
セサミン	抗酸化、高脂血症予防、抗肥満、抗老化	G
油脂		H

13 米ヌカ

学名：*Oryza sativa*　イネ科

　グルコシルセラミドとγ-オリザノールはスキンケアに利用したい成分であり、これにはエタノールチンキを作り、LLi抽出すると、両成分を効果的に取り出すことができます。ゴマ同様、エタノールは油脂を抽出しにくいので、米ぬか由来の油分を少なくすることができます。一方で、同じく米ぬかの有効成分であるフェルラ酸は、エタノールに対する溶解性が低いので、LLiオイル中には含まれないか、含まれてもわずかです。

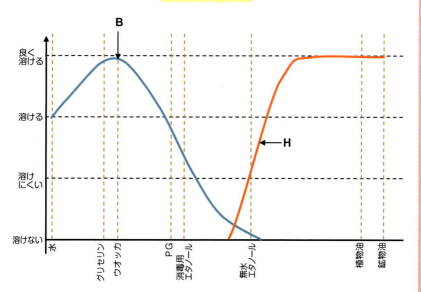

抽出溶媒の選択

主な成分、作用、溶解性グループ

含有成分	作用	グループ
フェルラ酸	抗酸化、美白、血糖値上昇抑制、認知症抑制	B
グルコシルセラミド	保湿、バリア機能、	H
γ-オリザノール	抗炎症、精神安定、抗高脂血症、抗老化、紫外線防御	H
油脂		H

14 山椒

学名：*Zanthoxylum piperitum*　ミカン科

　特有のスパイシーな香りと、快適な痺れ感をもたらすサンショオールを取り出し、サラダドレッシングなどの食品用調味油として使用したい素材です。精製オリーブ油などの食用油と山椒の実をミキサーに入れ、実の破砕と油脂の混合で、これらの成分が植物油に移行します。また、エタノールチンキから LLi 抽出によって得られたオイルにはさわやかな山椒の香りと、同様の成分が得られ、コスメに使用できます（刺激があるので、使用量に注意してください）。

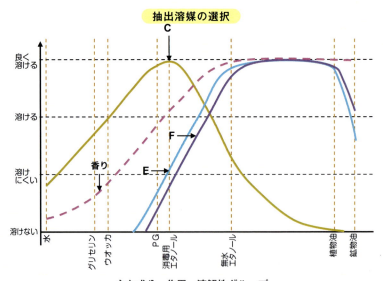

主な成分、作用、溶解性グループ

含有成分	作用	グループ
カテキン	抗酸化、脂肪燃焼、抗菌	C
ケルセチン	抗酸化、抗炎症、血糖値上昇抑制	C
サンショオール	食欲増進、痺れ、麻酔、嘔吐抑制、リフトアップ	E
EGCG	抗酸化、抗菌、脂肪吸収抑制、コレステロール低下	E
プロシアニジン	抗酸化、抗菌、	F
香り成分		

15 シナモン

学名：*Cinnamomum zeylanicum*　クスノキ科

　主要成分はポリフェノール類であり、ウオッカまたは50％エタノール水溶液でチンキにすると、甘くスパイシーな香りと共に抽出されます。
　シナモンには血糖値を下げる効果のあるプロシアニジン類が含まれていますが、これについてはアルコール濃度の高い溶媒が適しています。

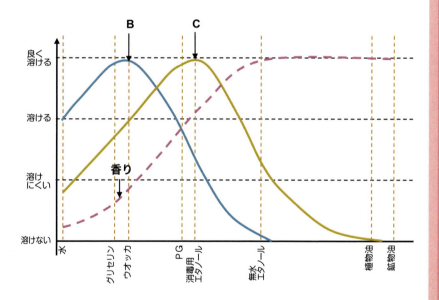

抽出溶媒の選択

主な成分、作用、溶解性グループ

含有成分	作用	グループ
ルチン	抗酸化、抗炎症、認知症予防	B
ケルセチン	抗酸化、抗炎症、血糖値上昇抑制	C
カテキン	抗酸化、脂肪燃焼、抗菌	C
ケンフェロール	抗酸化、脂肪燃焼	C
香り成分		

16 ジュニパー

学名：*Juniperus communis*　ヒノキ科

　ポリフェノール類はウオッカまたは50％エタノール水溶液で効率よく抽出することができます。ジテルペンのコミュニン酸は無水エタノールでチンキを作り、LLiによってオイルに移行することができます。

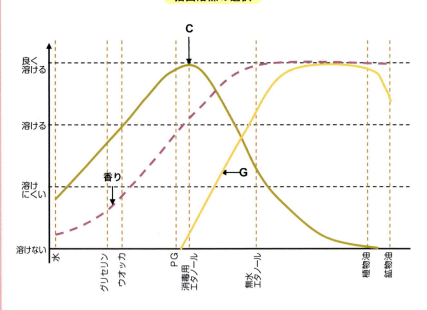

抽出溶媒の選択

主な成分、作用、溶解性グループ

含有成分	作用	グループ
カテキン	抗酸化、脂肪燃焼、抗菌	C
アピゲニン	抗酸化、抗炎症、抗ウイルス	C
アメントフラボン	抗菌、抗酸化、抗腫瘍	G
コミュニン酸	抗菌、殺ダニ	G
香り成分		

17 ジンジャー

学名：*Zingiber officinale*　ショウガ科

　柑橘ニュアンスのあるフレッシュスパイシーノートと、辛み成分であるジンゲロールとショーガオールを食に使用したい素材です。山椒同様、ジンジャーと精製食用油を加えてミキサーで砕きながら抽出することで、香りと辛味がオイルに移行します。フレッシュジンジャーを使用して同様の操作をすると、リッチでスパイシーなジンジャーの香りを持つ香油が得られます。

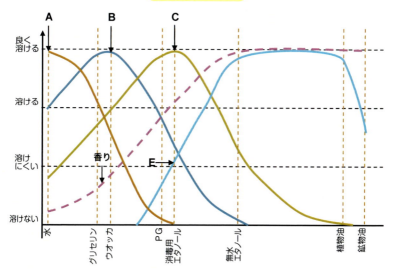

主な成分、作用、溶解性グループ

含有成分	作用	グループ
カフェ酸	抗酸化、発がん抑制	A
クロロゲン酸	抗酸化、スリミング、糖質吸収阻害、抗老化	A
ルチン	抗酸化、抗炎症、認知症予防	B
カテキン	抗酸化、脂肪燃焼、抗菌	C
6-ショーガオール	抗菌、抗チロシナーゼ、抗酸化	E
香り成分		

18 スギ

学名：*Cryptomeria japonica*　ヒノキ科

　水蒸気蒸留で精油を取った残りの素材を乾燥し、無水エタノールで抽出してチンキを作成します。抗菌や殺ダニなど環境衛生面での利用が想定できますが、べとつきや着色があるため注意が必要です。

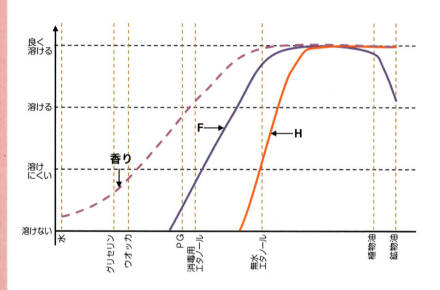

抽出溶媒の選択

主な成分、作用、溶解性グループ

含有成分	作用	グループ
スギオール	抗菌、抗ヘルペス、抗酸化	F
フェルジノール	保湿、コレステロール低下、ヘアケア	F
β-シトステロール	抗菌、抗ヘルペス、抗酸化	H
香り成分		

19 スペアミント

学名：*Mentha spicata*　シソ科

　水蒸気蒸留で精油を取り出し、残った素材を乾燥させ、エタノールチンキを作り、LLi抽出すると、クロロフィルを含んだ鮮やかな緑色のオイルが得られます。この中にはウルソル酸やオレアノール酸などの強い生理活性効果を持ったトリテルペンやジテルペン成分が多く含まれ、同じく生理活性の高いシソ科タンニンのロズマリン酸も含まれます。スキンケアとして使いたいオイルです。

　ポリフェノール類をターゲットにするのであれば、ウオッカが有効です。

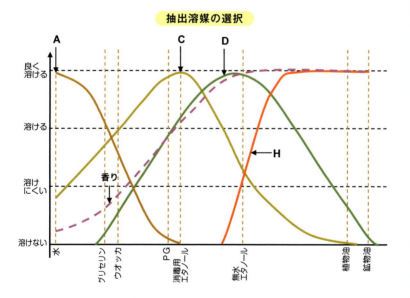

主な成分、作用、溶解性グループ

含有成分	作用	グループ
クロロゲン酸	抗酸化、スリミング、糖質吸収阻害、抗老化	A
ルテオリン	抗酸化、抗炎症、抗ウイルス	C
ロズマリン酸	抗酸化、抗アレルギー、血糖値上昇抑制、認知症予防	D
ウルソル酸	抗菌、抗酸化、コラゲナーゼ活性阻害、光老化抑制	H
オレアノール酸	抗菌、抗酸化、育毛	H
香り成分		

20 セージ

学名：*Salvia officinalis* シソ科

スペアミントと同じく、ウルソル酸やオレアノール酸などのトリテルペン、およびカルノソールなどのジテルペンを利用したい植物です。抽出方法などはスペアミントの項を参照してください。

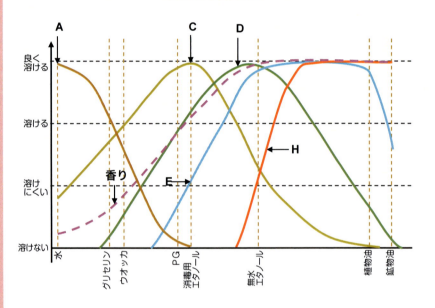

主な成分、作用、溶解性グループ

含有成分	作用	グループ
カフェ酸	抗酸化、発がん抑制	A
ゲンクワニン	抗酸化、抗菌	C
ロズマリン酸	抗酸化、抗アレルギー、血糖値上昇抑制、認知症予防	D
カルノソール	抗菌、抗炎症、抗チロシナーゼ	E
ウルソル酸	抗菌、抗酸化、コラゲナーゼ活性阻害、光老化抑制	H
香り成分		

21 セントジョーンズワート

学名：*Hypericum perforatum*　オトリギソウ科

　抗うつ効果があるとされている赤色色素ヒペリシンは、エタノールまたは植物油で抽出できます。γ-アミノ酪酸は水溶性で、ハーブティーなどに抽出される成分ですが、外部から補給してもあまり効果がないとされています。ウオッカでポリフェノール成分を取り出すのが良いでしょう。

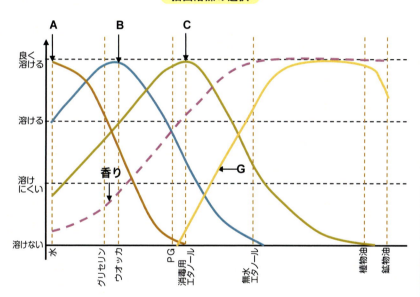

抽出溶媒の選択

主な成分、作用、溶解性グループ

含有成分	作用	グループ
γ-アミノ酪酸	鎮静、抗不安、睡眠導入	A
ルチン	抗酸化、抗炎症、認知症予防	B
ケルセチン	抗酸化、抗炎症、血糖値上昇抑制	C
ヒペリシン	着色、抗うつ	G
香り		

22 タイム

学名：*Thymus vulgaris* シソ科

　他のシソ科植物同様、ジテルペン・トリテルペン成分、ロズマリン酸、そして香りを活用したい植物です。エタノールチンキを作り、LLi 抽出して製剤化したものはコスメなどに利用できます。
　またポリフェノール類は、ウオッカが抽出溶媒として適しています。

抽出溶媒の選択

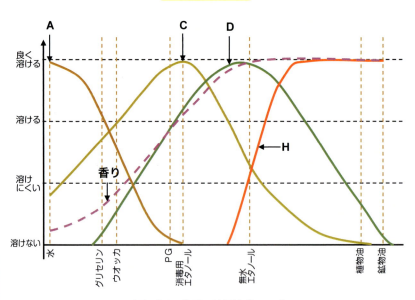

主な成分、作用、溶解性グループ

含有成分	作用	グループ
カフェ酸	抗酸化、発がん抑制	A
クロロゲン酸	抗酸化、スリミング、糖質吸収阻害、抗老化	A
ルテオリン	抗酸化、抗炎症、抗ウイルス	C
ロズマリン酸	抗酸化、抗アレルギー、血糖値上昇抑制、認知症予防	D
ウルソル酸	抗菌、抗酸化、コラゲナーゼ活性阻害、光老化抑制	H
香り成分		

134

23 ドクダミ

学名：*Houttuynia cordata* ドクダミ科

　野山や住居周辺で見かける、独特のアルデヒド臭を持つハーブで、ポリフェノール類が有効成分になります。抽出溶媒はウオッカが適しています。

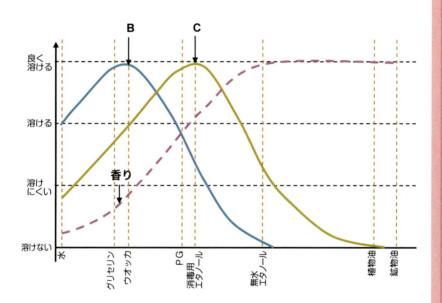

抽出溶媒の選択

主な成分、作用、溶解性グループ

含有成分	作用	グループ
ルチン	抗酸化、抗炎症、認知症予防	B
ケルセチン	抗酸化、抗炎症、血糖値上昇抑制	C
香り成分		

24 ハイビスカス

学名：*Hibiscus sabdariffa*　アオイ科

　ハイビスカスのルビーレッドカラーは、ハイビセチン配糖体などのアントシアニン系色素で、水またはウオッカが最適溶媒です。強い酸味を呈する成分はクエン酸、ハイビスカス酸などの有機酸、そして酸化糖のアスコルビン酸などの酸類で、それらは水溶性です。ハイビスカスの特徴は、赤色色素と酸味であり、水または熱水で抽出するハーブティーが適しています。

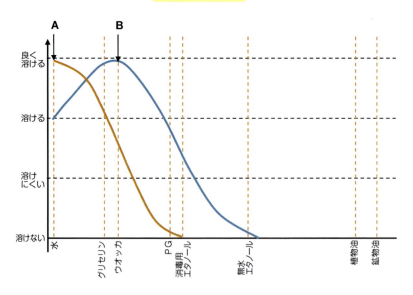

主な成分、作用、溶解性グループ

含有成分	作用	グループ
クエン酸	疲労回復、食欲増進、ミネラル吸収促進	A
ハイビスカス酸	疲労回復、食欲増進	A
アスコルビン酸	抗酸化、メラニン生成抑制、疲労回復、抗アレルギー	A
ハイビセチン-3-グルコシド	着色、抗酸化、血管新生抑制、美白	B

25 パプリカ

学名：*Capsicum annuum*　ナス科

　パプリカの特色である鮮やかな赤色は、主要成分でカロテノイド色素のカプサンチンです。無水エタノールでチンキを作り、LLi 抽出することで鮮やかな色彩のオイルが得られます。カロテノイドは活性酸素消去能や紫外線吸収などスキンケアくかの高い成分であり、抽出した LLi オイルをコスメなどの素材として利用すると効果的です。

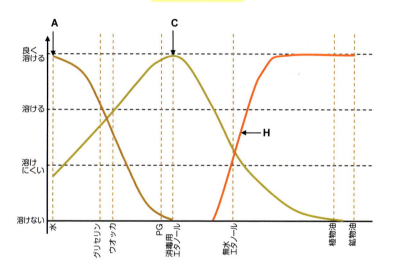

抽出溶媒の選択

主な成分、作用、溶解性グループ

含有成分	作用	グループ
カフェ酸	抗酸化、発がん抑制	A
ケルセチン	抗酸化、抗炎症、血糖値上昇抑制	C
カプサンチン	赤色、抗酸化、紫外線防御	H
β-カロテン	抗酸化、光老化抑制、紫外線吸収、ヒアルロン酸産生	H
ルテイン	抗酸化、紫外線吸収、眼精疲労回復、抗炎症	H
ゼアキサンチン	黄色、抗酸化、紫外線防御、眼精疲労回復	H

26 バレリアン

学名：*Valeriana officinalis*　オミナエシ科

　鎮静効果のあるハーブとして知られていますが、その効果をもたらす主要成分はセスキテルペン化合物であるバレレン酸で、水にはほぼ溶解しない性質の化合物です。ハーブティーでも鎮静効果が得られることから、他にも鎮静効果を持つ成分があるのではと予想されます。酢酸エステルのバレルアセテートとともに、無水エタノールでチンキにするとよいでしょう。

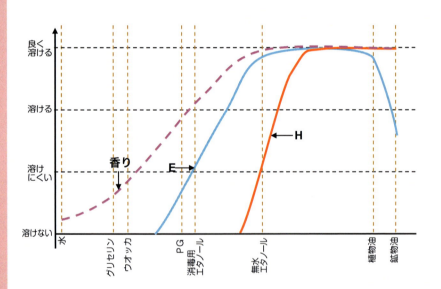

抽出溶媒の選択

主な成分、作用、溶解性グループ

含有成分	作用	グループ
バレレン酸	鎮静、抗不安、	E
バレルアセテート	抗酸化	H
香り成分		

27 ヒノキ

学名：*Chamaecyparis obtusa*　ヒノキ科

　ヒノキは建材や木工などに使われる素材で、香りが良いことから水蒸気蒸留で精油を採取し、和の香りとして使われています。

　水蒸気蒸留残渣から熱水またはアルコールで抽出することによりポリフェノール類が得られ、無水エタノールではジテルペンジエステルであるオブスタナールやアメントフラボンが得られ、環境衛生などのアプリケーションに利用できます。

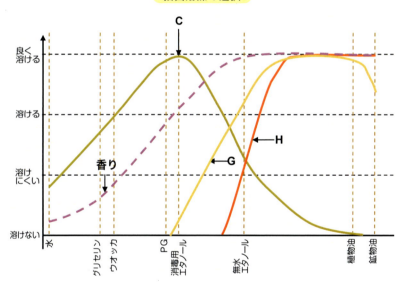

抽出溶媒の選択

主な成分、作用、溶解性グループ

含有成分	作用	グループ
カテキン	抗酸化、脂肪燃焼、抗菌	C
ケンフェロール	抗酸化、脂肪燃焼	C
アメントフラボン	抗菌、抗酸化、抗腫瘍	G
オブツサナール	抗カビ、シロアリ防御	H
香り成分		

28 フェンネル

学名：*Foeniculum vulgare*　セリ科

　オーラルケアや各種食品・香粧品に利用する目的で、水蒸気蒸留によって精油が得られています。蒸留で残った植物を乾燥させて、ウオッカや消毒用エタノールで抽出して作成したチンキには、抗酸化効果など様々な生理活性があり、化粧品などのアプリケーションに利用できます。

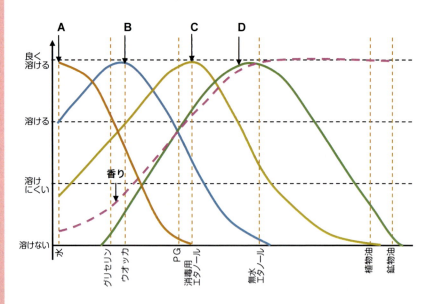

抽出溶媒の選択

主な成分、作用、溶解性グループ

含有成分	作用	グループ
クロロゲン酸	抗酸化、スリミング、糖質吸収阻害、抗老化	A
ルチン	抗酸化、抗炎症、認知症予防	B
ケルセチン	抗酸化、抗炎症、血糖値上昇抑制	C
ロズマリン酸	抗酸化、抗アレルギー、血糖値上昇抑制、認知症予防	D
香り成分		

29 ペパーミント

学名：*Mentha piperita* シソ科

　食やオーラルケアなど、広範囲のアプリケーションに利用する目的で、水蒸気蒸留によって精油が得られています。蒸留残渣に熱水またはウオッカを加えてポリフェノール類を抽出してエキスまたはチンキを作成して、残った残渣は乾燥し、無水エタノールでチンキを作り、続いて LLi 抽出によってロズマリン酸やリトスペルミン酸などをオイルに移行すると、同じ挙動のクロロフィルと共に、鮮やかな緑色の LLi オイルが得られます。

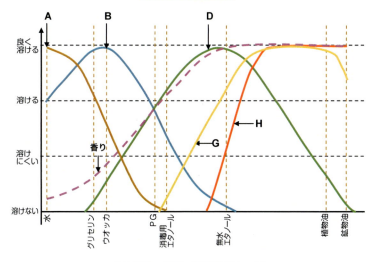

主な成分、作用、溶解性グループ

含有成分	作用	グループ
クロロゲン酸	抗酸化、スリミング、糖質吸収阻害、抗老化	A
ヘスペリジン	血流改善、高脂血症改善、血圧上昇抑制	B
ルテオリン-7-O-ルチノシド	抗アレルギー	B
ロズマリン酸	抗酸化、抗アレルギー、血糖値上昇抑制、認知症予防	D
リトスペルミン酸	抗酸化、抗炎症、肝臓保護	G
クロロフィル	緑色色素、抗菌、消臭、抗酸化	H
香り成分		

30 ホップ

学名：*Humulus lupulus* アサ科

　鎮静系のハーブティーとしても飲まれているホップは、豊富なポリフェノールとフラバノン骨格の 8 位にイソプレンが結合したキサントフモール、および苦み成分で「α酸」と総称されるフムロンなど、各種ファイトケミカルを含有しています。

　ポリフェノール類は、ウオッカで抽出し、キサントフモールやフムロンなどはエタノールでチンキを作成した後、LLi でオイルに移行します。コスメなどに利用すると良いでしょう。

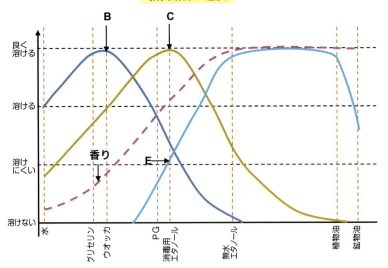

主な成分、作用、溶解性グループ

含有成分	作用	グループ
ルチン	抗酸化、抗炎症、認知症予防	B
カテキン	抗酸化、脂肪燃焼、抗菌	C
アピゲニン	抗酸化、抗炎症、抗ウイルス	C
キサントフモール	抗肥満、抗酸化	E
フムロン	苦味、鎮静、呼吸器疾患の改善	E
香り成分		

31 マジョラム

学名：*Origanum majorana*　シソ科

　マジョラムは主として風味付けなど調理でよく使われる素材ですが、精油も採取しています。シソ科であり、ロズマリン酸などのシソ科タンニンのほかに、ジテルペンやトリテルペン類が多く含まれているので、無水エタノールでチンキを作り、LLiでオイルに移行すると、脂溶性成分を効率よくとることができます。

抽出溶媒の選択

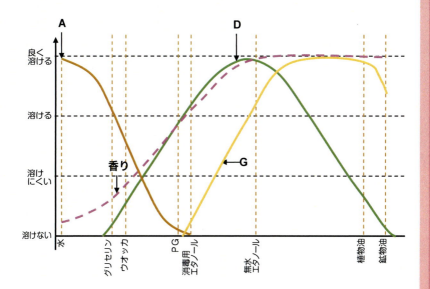

主な成分、作用、溶解性グループ

含有成分	作用	グループ
カフェ酸	抗酸化、発がん抑制	A
ロズマリン酸	抗酸化、抗アレルギー、血糖値上昇抑制、認知症予防	D
リトスペルミン酸	抗酸化、抗炎症、肝臓保護	G
香り成分		

32 メリッサ

学名：*Melissa officinalis*　シソ科

　鎮静系のハーブティーとして好んで飲まれているハーブで、精油は認知症改善など様々な心理効果があります。

　蒸留残渣にはシソ科特有の成分、シソ科タンニンやジテルペン・トリテルペン類が含まれているので、乾燥してエタノールでチンキを作り、LLiでオイルに移行させ、例えばトリートメントオイルなどに使用すると、香りと香りによる心理効果と、香り以外の成分の生理活性効果が期待できます。

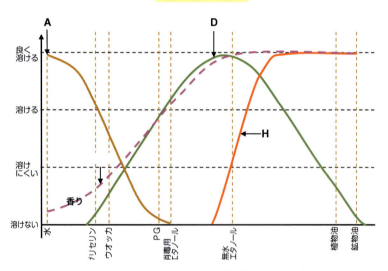

抽出溶媒の選択

主な成分、作用、溶解性グループ

含有成分	作用	グループ
クロロゲン酸	抗酸化、スリミング、糖質吸収阻害、抗老化	A
ロズマリン酸	抗酸化、抗アレルギー、血糖値上昇抑制、認知症予防	D
ウルソル酸	抗菌、抗酸化、コラゲナーゼ活性阻害、光老化抑制	H
オレアノール酸	抗菌、抗酸化、育毛	H
香り成分		

33 モミ（トドマツ）

学名：*Abies sachalinensis*　マツ科

　北海道ではどこでも見かける木で、葉からはさわやかな針葉樹特有の香りを持った精油が得られます。セスキテルペンのジュバピオンは抗菌力の強い成分で、これは精油に含まれますが、蒸留の方法によっては精油として得られないことがあります。

　このジュバピオンを含めて、マツ科植物に特有のジテルペン成分のアビエチン酸やアビエシノールには、共に強い生理活性があり、蒸留後乾燥して、エタノールでチンキを作り、LLiでオイルに移行し、コスメやトリートメントオイルなどに利用することができます。

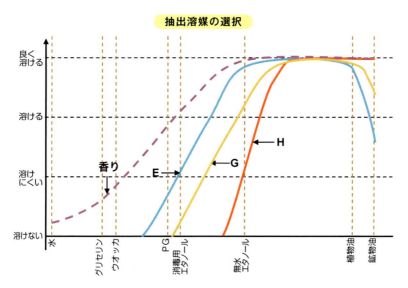

主な成分、作用、溶解性グループ

含有成分	作用	グループ
ジュバピオン	抗菌	E
アビエチン酸	抗菌、殺ダニ	G
アビエシノール	抗腫瘍、抗酸化、抗菌	H
香り成分		

34 ユーカリ

学名：*Eucalyptus globulus*　フトモモ科

　医薬品や香料原料として利用するために、水蒸気蒸留で精油を蒸留後、精密蒸留によって香り成分であり、呼吸器系の不調改善効果などの作用がある化合物 1,8−シネオールを取り出します。
　残渣には没食子酸配糖体に 1,8−シネオールが結合した化合物で、抗酸化効果やメラニン生成抑制効果のある、グロブリシン類などが含まれているので、濃度の高いアルコールやプロピレングリコールで抽出し、スキンケアなどに利用できます。

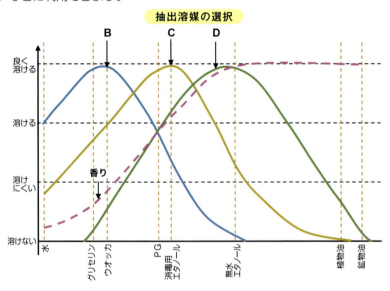

主な成分、作用、溶解性グループ

含有成分	作用	グループ
ルチン	抗酸化、抗炎症、認知症予防	B
グロブリシン A	抗酸化、メラニン生成抑制、抗炎症	C
ケルセチン	抗酸化、抗炎症、血糖値上昇抑制	C
ロズマリン酸	抗酸化、抗アレルギー、血糖値上昇抑制、認知症予防	D
香り成分		

35 ヨモギ

学名：*Artemisia indica* キク科

　国内では餅や様々な加工食品に使われ、韓国ではヨモギの蒸気を使ったヨモギ蒸し療法があるなど、薬効の高いハーブとして知られています。

　トリテルペンラクトンのアルテミシンとフラボンの全フェノール基がメチルエーテルになったアルテメチンは、マラリアに効果があるとされています。エキシアゴフラボンと共に抗酸化力が強い化合物で、無水エタノールまたはプロピレングリコールで抽出し、製剤化することでこれらの成分を多く含んだチンキが得られます。

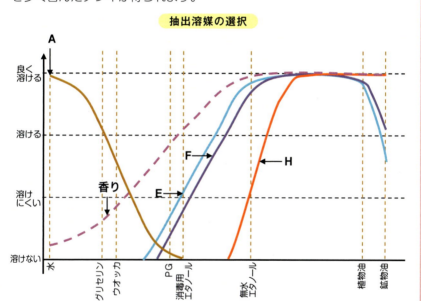

主な成分、作用、溶解性グループ

含有成分	作用	グループ
クロロゲン酸	抗酸化、スリミング、糖質吸収阻害、抗老化	A
アルテミシニン	抗炎症	E
アルテメチン	抗酸化、抗マラリア	F
エキシグアフラボン	抗酸化	H
香り成分		

36 ラベンダー

学名：*Lavandula angustifolia*　シソ科

　ラベンダーの香りには鎮静効果や抗うつ効果などがあり、紫の花のイメージの良さから、精油だけでなく、切り花でも流通しています。

　他のシソ科植物同様に、ポリフェノールとテルペン類を含んでいて、両グループとも抽出溶媒が異なります。クロロゲン酸やルチンなどのポリフェノールは熱水またはウオッカ、ロズマリン酸やテルペン類は無水エタノールでチンキ剤にします。そこからLLiでオイルに移行するとコスメなどへの応用がしやすくなります。

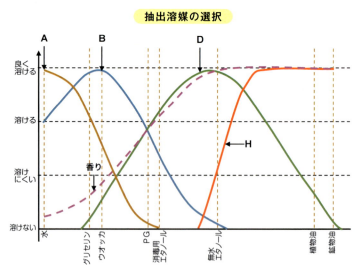

抽出溶媒の選択

主な成分、作用、溶解性グループ

含有成分	作用	グループ
クロロゲン酸	抗酸化、スリミング、糖質吸収阻害、抗老化	A
ルチン	抗酸化、抗炎症、認知症予防	B
ルテオリン-O-グルコシド	抗酸化、抗炎症	B
ロズマリン酸	抗酸化、抗アレルギー、血糖値上昇抑制、認知症予防	D
ウルソル酸	抗菌、抗酸化、コラゲナーゼ活性阻害、光老化抑制	H
香り成分		

37 緑茶

学名：*Camellia sinensis*　ツバキ科

　フレッシュグリーンの香り、ほのかな甘みと渋味は緑茶の特徴で、食後や歓談の時によく飲まれる、和のハーブティーです。

　熱水で抽出したお茶には、甘味と睡眠導入効果があるテアニン、高い抗酸化力のカテキン類、興奮作用のあるカフェインが含まれます。EGCGは水には溶けにくい性質を持っているので、アルコールチンキにするのが良いでしょう。緑茶の鮮やかな緑は、熱水でポリフェノールを取り除いた後に、乾燥してLLi抽出またはインフュージョンで得られます。

抽出溶媒の選択

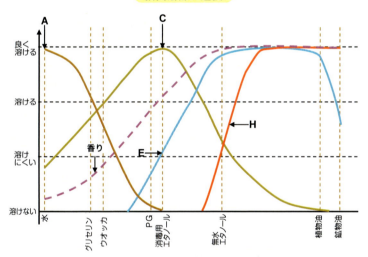

主な成分、作用、溶解性グループ

含有成分	作用	グループ
テアニン	睡眠導入、リラックス	A
アスコルビン酸	抗酸化、メラニン生成抑制、疲労回復、抗アレルギー	A
カフェイン	覚醒、脂肪燃焼、記憶力向上、利尿	A
カテキン	抗酸化、脂肪燃焼、抗菌	C
EGCG	抗酸化、抗菌、脂肪吸収抑制、コレステロール低下	E
クロロフィル	緑色色素、抗菌、消臭、抗酸化	H
香り成分		

38 ルイボス

学名: *Aspalathus linearis*　マメ科

　ルイボスティーは、心身ともに健全性を保つお茶として、南アフリカから発信されて、現在では世界中でポピュラーなお茶として親しまれています。

　主要成分は熱水で抽出されるポリフェノールで、抗酸化効果など、様々な薬理効果を持っています。脂溶性にシフトする成分は少ないことから、ポリフェノールをターゲットとして、熱水またはウオッカで抽出すると効果的です。

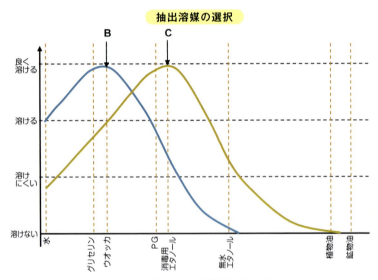

主な成分、作用、溶解性グループ

含有成分	作用	グループ
ルチン	抗酸化、抗炎症、認知症予防	B
アスパラチン	抗酸化、心臓血管保護、メタボ改善	B
フェルラ酸	抗酸化、美白、血糖値上昇抑制、認知症抑制	B
カテキン	抗酸化、脂肪燃焼、抗菌	C
ケルセチン	抗酸化、抗炎症、血糖値上昇抑制	C

39 レモングラス

学名：*Cymbopogon citratus*　イネ科

　レモンの香りがするということでレモングラスの名前がついていますが、レモンのようなジューシー感はなく、重く、フレッシュ感に欠ける香りです。ポリフェノール類が主体で、レモングラスティーに多くの成分が溶解しています。また、ウオッカなどの低濃度アルコールでの抽出も有効です。

抽出溶媒の選択

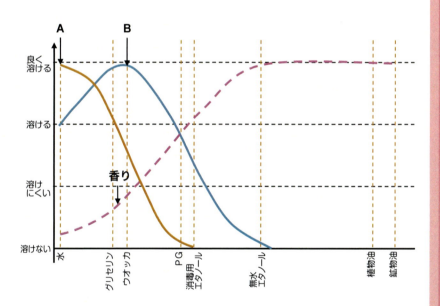

主な成分、作用、溶解性グループ

含有成分	作用	グループ
クロロゲン酸	抗酸化、スリミング、糖質吸収阻害、抗老化	A
カフェ酸	抗酸化、発がん抑制	A
7-O-グルコシルルテオリン	抗酸化、抗菌	B
香り成分		

40 ローズ

学名：*Rosa × damascena*　バラ科

　精油や芳香蒸留水を得る目的で水蒸気蒸留が行われています。ポリフェノール類には抗酸化効果や抗炎症効果があり、またアントシアニン類は鮮やかな赤い色と、同じく抗酸化効果が高い成分です。これらはハーブティーに抽出されるので、お茶にすることでこれらの成分を体内に取り入れることができます。

　脂溶性区分には注目される成分はないため、ローズの場合は、熱水によるハーブティーあるいはウオッカでの抽出になります。

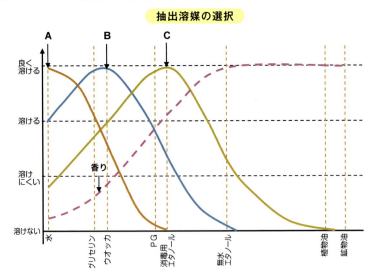

主な成分、作用、溶解性グループ

含有成分	作用	グループ
没食子酸	抗酸化、収斂、抗カビ	A
クロロゲン酸	抗酸化、スリミング、糖質吸収阻害、抗老化	A
ルチン	抗酸化、抗炎症、認知症予防	B
アントシアニン系色素	赤色（青色）色素、抗酸化、視力改善	B
ナリンゲニン	抗酸化、食欲抑制、高コレステロール抑制	C
ルテオリン	抗酸化、抗炎症、抗ウイルス	C
香り成分		

41 ローズヒップ

学名：*Rosa canina*　バラ科

　ローズペタルはポリフェノール成分が中心になるのに対し、ローズヒップは、クエン酸・リンゴ酸などの有機酸類とアスコルビン酸などのさわやかな酸味が特徴です。これらは水溶性成分で、熱水または水によるハーブティーで十分に抽出することができます。

　ローズと同じく、脂溶性成分に顕著なものがないことから、ローズヒップの場合も水またはウオッカで抽出するのが効果的です。

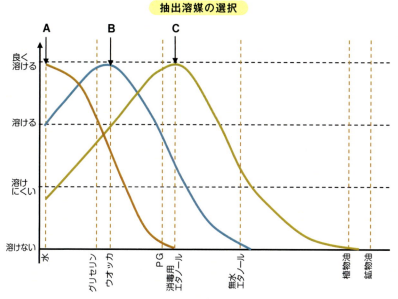

主な成分、作用、溶解性グループ

含有成分	作用	グループ
クエン酸	疲労回復、食欲増進、ミネラル吸収促進	A
アスコルビン酸	抗酸化、メラニン生成抑制、疲労回復、抗アレルギー	A
リンゴ酸	酸味、疲労回復、健胃	A
アントシアニン系色素	赤色（青色）色素、抗酸化、視力改善	B
カテキン	抗酸化、脂肪燃焼、抗菌	C

42 ローズマリー

学名：*Rosmarinus officinalis*　シソ科

　精油を蒸留した後、残渣を乾燥し、ウオッカに浸漬してチンキを取り、残渣を再び乾燥して無水エタノールで抽出し、有効成分をLLi抽出でオイルに移行し、それぞれスキンケア用品などに使用すると良いでしょう。また、粉砕した乾燥ローズマリーをオリーブ油とともにミキサーにかけ、ハーブをガーゼなどでろ過して除くと、ローズマリーのさわやかな香りとともに、テルペン成分やシソ科タンニンなどの生理活性成分を含んだ食用油ができ、ドレッシングなどに利用できます。

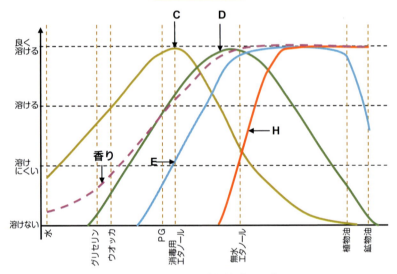

主な成分、作用、溶解性グループ

含有成分	作用	グループ
アピゲニン	抗酸化、抗炎症、抗ウイルス	C
ロズマリン酸	抗酸化、抗アレルギー、血糖値上昇抑制、認知症予防	D
カルノソール	抗菌、抗炎症、抗チロシナーゼ	E
ロズマノール	抗酸化、抗腫瘍、抗炎症	E
ウルソル酸	抗菌、抗酸化、コラゲナーゼ活性阻害、光老化抑制	H
香り成分		

参考図書

長島司、「ハーブティー　その癒しのサイエンス」、2010、フレグランスジャーナル社

長島司、「ビジュアルガイド　精油の化学」 2012、フレグランスジャーナル社

谷田貝光克、「文化を育んできた木の香り」、2011、フレグランスジャーナル社

谷田貝光克、「植物の香りと生物活性」、2010、フレグランスジャーナル社

木村孟淳、「薬学生のための天然物化学」、2004、南江堂

村上志緒、「日本のメディカルハーブ辞典」、2013、東京堂出版

斉藤和季、「植物はなぜ薬を作るのか」、2017、文春新書

参考ウェブサイト

PubMed: https://www.ncbi.nlm.nih.gov/pubmed/

PubChem Project: https://pubchem.ncbi.nlm.nih.gov/

CiNii article: http://ci.nii.ac.jp/

著者あとがき

植物が生活圏を守り、成長しそして子孫を残していくために体内で合成される様々な化学物質は、私たち人間を含むあらゆる動物にとっても役立つものであり、そして逆に攻撃的なものでもあり、人類が誕生してからこれまでの間、無数の植物と植物成分が利用され、生命を営んできています。

現代では、植物成分を「食」、「スキンケア」、「オーラルケア」、「ヘアケア」、「医薬部外品」、「医薬品」などの素材として、植物全体を食する、あるいはそれぞれの成分を抽出して製剤化したものを各種アプリケーションに使うなど、「植物からの恵み」は日常生活に深く浸透しています。

植物が大切に作り蓄えてきた化学物質、私たち使う側も、それを大切にしたいですね。そこで、植物の恵みを最大限に生かすために、日頃から、次頁のような利用の仕方を提案しています。

ハーブなどを水蒸気蒸留して精油や芳香蒸留水を得ることは、精油製造業者や一般の教室などで行われていますが、残渣を活用することはほとんどありません。しかしこの中には豊富な植物成分が含まれているので、精油を取り出した後、熱水で水溶性成分を抽出し、さらに残渣を乾燥して無水エタノールで抽出してチンキを得て、これから LLi 抽出に展開して脂溶性成分を取り出します。残ったチンキには水とオイルに溶けにくい成分が含まれまれているので、こちらも活用できます。

抽出が完了した残渣は、乾燥してアルコールを除き、土に返し、次に育つ植物の栄養にします。

植物を大切に扱う姿勢、ハーブやアロマに携わっている人たちだけでなく、人類すべてに持っていただきたいと思っています。

本著を手に取って読んでいただいた皆様が、植物の化学成分により親しみを持ち、私たちにもたらしてくれる恵みのことを再認識していただくようになる、そのきっかけになれば甚大です。

長島　司

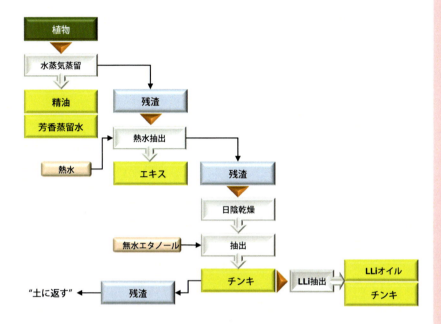

植物成分の活用スキーム

[著者紹介]

長島 司 Tsukasa Nagashima

1971	明治大学農学部農学科卒業
1973	明治大学大学院農学研究科農産製造学専攻卒業
	高砂香料入社
2008	同社退社
2011	セダーファーム代表

アロマ環境協会認定インストラクター、日本園芸協会認定 ハーブコーディネーター、
一般社団法人日本アロマ蒸留協会 特別顧問

[講演]

「沈香の新規セスキテルペン化合物」 IXth International Congress of Essential Oil

[執筆]

「沈香を中心とした最近の植物精油の研究」Fragrance Journal No.73, 1985
「Manika oil その化学とアロマテラピーへの応用」aromatopia No.67, 2004
「手作り石鹸を化学する」aromatopia No.77, 2006
「化学で知るハーブティーの魅力」aromatopia No.94, 2009
「インドネシアのクローブ事情」AROMA RESEARCH No.43 2010
「ジャスミン精油の採油法と品質について」aromatopia No.102, 2010
「スパイシーノートと辛味の化学」aromatopia No.108, 2011
「連載サイエンスで語る精油雑学（1）～(8)」aromatopia No.129, 2015 ～ No.136, 2016
「香り・におい何故なぜ基礎講座（18）精油ってなんだろう」AROMA RESEARCH No.69, 2017
「現代の水蒸気蒸留」aromatopia No.144, 2017

[著作]

「ハーブティー その癒しのサイエンス」2010, フレグランスジャーナル社
「ビジュアルガイド 精油の化学」2012, フレグランスジャーナル社
「ビジュアルガイド 精油の化学 2 日本の精油と世界の精油」2021, フレグランスジャーナル社

目的の成分を効率よく抽出するための
ビジュアルガイド 植物成分と抽出法の化学 [再販]

2018 年 1 月 20 日　初版 発行
2025 年 4 月 30 日　第 1 版　第 5 刷　発行

著　者	長島 司
発行者	戸田 由紀
発行所	（同）ユイビ書房
	〒 115-0045 東京都北区赤羽 3-3-3 ドミール赤羽
	info@yuibibooks.com 090-2145-4264

印刷・製本：大村紙業株式会社

★ 乱丁、落丁はおとりかえいたします。　但し、古書店で本書を購入されている場合はおとりかえできません。
★本書を無断で複写・複製・転載することを禁じます。

© 2025　T. Nagashima
ISBN 978-4-911309-08-7

本書は、フレグランスジャーナル社発行の「ビジュアルガイド植物成分と抽出法の化学」(2018 年) を再版
したものです。2022 年の第 1 版第 4 刷を底本としています。ユイビ書房